JN073486

人間工学に
もとづく
改善の教科書

人間の限界を知り、克服する

福井 類 著

日科技連

はじめに

　筆者は東京大学・人間環境学専攻(機械工学科兼担)でロボット工学に関する研究、教育を行っている教員である。

　「大学の、しかもロボット工学が専門の教員が、なぜ改善の本を書くの？しかもなぜ人間工学なの？」と不思議に思われた方も多いであろう。

　かつての大学は、この世にないまったく新しい発想が生まれることを推奨するために、自由奔放な環境を尊重し、何かをシステマティックに行うのに最も向いていなかった環境の１つであった。

　しかし監督官庁からの経済的支援が大幅に減少し、自ら資金を稼ぎ研究を進める教員はもはや特定の学術分野の専門家であるだけでなく、有限な資源(人・場所・モノ・カネ)を適切に配分し、管理する能力が求められるようになっている。

　管理システムがほぼゼロの大学の研究室を円滑に運営できるようにするには、日々改善を行い、システムを構築するしかない。企業の中では当たり前のように構築されているシステムも、自ら考え構築する必要がある。その意味では、この10年で筆者は、多くの企業で当たり前に行われているであろう運営システムを再発明してきた。研究者としては"車輪の再発明"は単なる時間の無駄である。一方で車輪を再発明してみると、車輪を作ることの難しさとそれを解決するコツがわかってくる。

　営利企業にいると、このような再発明の機会はないであろうし、また複数の先輩方が作ったツギハギのシステムの中で、そのシステム同士がどのように干渉しているかさえ、考えることはないかもしれない。大学というシステムが未熟な環境の中で、10年以上、自ら行った改善の経験(再発明)は大変貴重なものであると自信を持って言える。

　上記のような経験をベースとして、筆者は、これまでいくつかの企業に対して改善活動を推進するアドバイスを行ってきた。大企業であれば当然改善活動

を行っていると思うが、改善活動がノルマとなっている会社においては、ただ改善提案の数をカウントするような形骸化がしばしば見られる。特に長年、現場で改善を重ねてきたベテランにとっては、もはや改善の課題を発見すること自体が難しく、何かを焼き直したような改善提案を日々繰り返しがちなのではないだろうか。

　一方、中小企業では、改善の必要性を経営陣は理解しているものの、現場レベルでは改善が他人事のようになってしまっている例も多い。何をどのように進めれば、効果的な改善活動が行えるのか不明であるため、改善活動そのものが実行に移せていない場合もしばしば見られる。

　そこでもし、「改善をどのように捉えればよいか」、そして「実際にどのように改善の検討を進めればよいか」を指南する教科書があれば、悩める人たちを救えるのではないか、そんな考えが本書のきっかけである。

　残念ながら多くの高等学校や大学では改善活動について教えてくれない。そもそも改善が学問として成立していないのだから仕方がない。しかし、実際に改善を行うことを求める企業においても、改善活動の進め方について教育をしていない場合が多い。何も教えずに、「ただ改善提案を出しなさい」と社員に強制するのである。品質管理活動と同じように改善活動も基礎知識・技術から積み重ねて行かなければ、すべての社員が改善の方法の"再発明"をしなければならず、とても非効率である。

　本書はそんな学問として成立していない改善を、人間工学という学問の知識を広めようとする工学者の視点から、そして自らの組織の運営を円滑に行おうとする管理者の視点から議論したいと思う。

　さて、もう1つの疑問の、なぜロボット工学の研究者が人間工学を重んじるのか。筆者はロボット技術の産業応用を推進している。もちろん現在すでにたくさんの産業用ロボットが工場の中で活躍しているが、決められた動作を決められたように行う"産業機械"としてのロボットは浸透しているものの、環境や対象物の変化に対応して柔軟に挙動を変える"知能機械"としてのロボットは、広く普及しているとは言い難い。

　知能機械としてのロボットが広く受け入れられるためには、どうしても乗り越えなければならない壁がある。それが「人間」である。つまり、人が行うのと同等またはそれ以上の速度・品質・経済性で作業をしなければロボットが人に代わって作業を行うことは許されない。しかし、残念ながら特定の作業を除

いて、ロボットが人間のように柔軟（多様）に作業をするには、まだまだ研究が必要な状況である。

　知能機械としてのロボット研究を進めるにあたって、ロボットが乗り越えるべき壁である「人間」を詳細に知るのは、競合を知るという意味で重要なことである。そして、人間がうまくできないことを知ることで、ロボットのほうがうまくできることを見つけることができるようになる。

　これによって、すべての分野でロボットが人を超えるのは無理だとしても、人が苦手な分野にロボットが活躍する場所を見つけることができるようになると期待される。

　筆者がドイツのミュンヘン工科大学滞在時にとある教授が、「ロボット工学を究めると結局、生物、特に人に興味を持つようになる」と言っていた。本書はまさに、ロボット工学者としての人に対する興味の結果得た知識を、改善アプローチという、具体的に世の中の役に立つ形にまとめたものである。

　筆者は工学部・機械工学科にも所属する教員であり、製造業と多くの共同研究の経験があり、また技術アドバイスを行うのも主として製造業であることから、主たる改善のターゲットは製造業であり、具体例はそれらを強く意識したものとなっている。

　しかし、その基本的な概念は情報通信産業やサービス業でも利用可能だと考えている。むしろ人が多くかかわる産業であればあるほど、本書で述べられている内容に共感を持ってもらえると考える。

　本書は以下のように構成されている。

　第1章では、改善すべき対象を見つけることが難しいことを述べ、この難しさを克服するために、1st Step として人にはそもそもうまくできないことは何かを人間工学にもとづき理解し、2nd Step としてどうすれば人がうまくできるようになるかを人間工学にもとづき議論するというアプローチが、有効であることを述べる。

　第2章では、まず人間工学の源流について簡単に説明し、人間工学が人の限界を工学らしく把握するための学問であることを知ってもらう。続いて人間の限界を正しく知るために必要なモノの見方について説明する。この見方を身に付けることによって、あなたの周りは改善すべきトピックが山積みであることに気づくであろう。

　第3章では、人間工学の入門として、人間工学の教科書に書かれている人の

限界を簡潔に紹介する。本書は人間工学そのものを学んでもらうための教科書ではないことに注意されたい。

　第4章では、改善対象を発見する一番簡単な方法として、人間の限界を試す悪例と自分の周囲にあるものを比べる方法を提示する。

　第5章においては、自分が働いている環境の中の潜在的な改善対象を発見する方法として、言い訳法（と筆者が呼ぶ方法）を紹介する。これは濱崎哲也先生が著書『失敗学　実践編』（濱口哲也・平山貴之著、日科技連出版社、2017年）で示している「動機的原因（なぜそうしようと思ったのか？）を見つけ出す方法」を参考に、人間工学的モノの見方に適するように改変したものである。

　第6章では、言い訳法で発掘された改善対象における真の課題が何かを抽出する方法を示し、そんな言い訳ができないフールプルーフ（foolproof）な環境を示す基本的なアプローチを示す。フールプルーフとは、本文でも解説するが、操作を間違えたとしても危険な状況にならないようにする仕組みのことである。

　第7章では、フールプルーフな環境を構築するために、アフォーダンスという考え方を導入しつつ、作業をできるだけ簡単にする7つの原則について述べる。

　第8章では、作業を簡単にする、またはフールプルーフな環境を構築する具体的な方法（小ネタ）を紹介する。これを見てもらうことで筆者が読者に伝えたかったことを、より具体的に思い描いてもらう。

　第9章では、改善"活動"の教科書として、改善対象の発見や改善方法だけでなく、その活動を評価する人にアピールする方法を述べる。せっかく改善活動をするのであれば、周囲にできるだけ高く評価されてほしいとの思いである。

　最後に、本書の執筆に対して理解を示し、ご協力いただいた大学関係者、出版社の担当者、そして家族に感謝の意を記したい。特に妻には、家事・子育てをはじめとして大きな負担をかけることになってしまったが、最後まで献身的なサポートをしてくれた。心からの感謝を伝えたい。また父親と遊びたい盛りの子供たちにも大きな我慢を強いることになってしまった。成長した子供たちが本書を手に取り、あの我慢の意味を理解するときが来るのを楽しみに待ちたい。

2021年9月

福井　類

人間工学にもとづく改善の教科書
人間の限界を知り、克服する

目　次

第4章	改善対象を発見しよう!………49
	(その1：人間の限界を試す悪例との比較)

第5章	改善対象を発見しよう!………85
	(その2：言い訳法による身の回りの問題の発掘)

第6章　ではどうやって改善するべきか?········91

第7章　難しい作業を簡単にするための原則を導入しよう!········101

第8章　人間工学的なモノの見方による具体的な改善の例········123

第9章　よい改善提案書を書こう!………139

装丁・本文デザイン＝さおとめの事務所

第1章

なぜ改善は難しいのか？

1.1　トップダウンで行われる改善活動の虚しさ

　筆者は大学院の修士課程を修了した後、とある重工業を営む企業に就職した。約半年間の研修が終わり、設計部門に配属されたある日、指導員の先輩社員から改善提案をするように指示を受けた。その企業ではすべての社員が年間数件の改善提案をすることがノルマだったのである。しかし、改善（提案）を行う方法を教えてもらったことのない筆者は、同期と相談して、とりあえず形式的な改善提案を提出した。もはや記憶が定かではないが、提案した改善は以下の2つであった。

①　ファイルが置いてある書庫と机が遠いので、ファイルを取りに行くまで時間がかかるので机の近くに書庫を置くべきである。

②　休憩室が実質、喫煙室になっていて、非喫煙者が休憩する場所がない。非喫煙者の休憩所を設けるべきである。

　しかし、これらは不採用となり、ますます改善提案のやる気をなくしたことを覚えている。筆者が提案した2件は、それなりに真剣に考えた結果で、同期はもっと形式的な提案をしていたことを覚えている。それくらい当時は改善提案へのモチベーションが低かった。

　モチベーションが低い理由は、大きく分けて以下の3つである。

1)　何のために改善活動をするのかを理解していない

　いかなる活動も目的の明確化、動機付けはとても大切である。何を目指すかわからなければ、自らの行動を最適化することもできない。近年の人工知能の強化学習という研究分野では、たくさんの教師データから何を目指すかを学習するという逆強化学習が流行っているが、たくさんの教師データを入手することのできない新人に、自ら目的を発見させるのは現実的でない。

**2)　改善の方法を身に付けていないので、どのように改善に取り組めばよ
いのかわからない**

改善提案の例は、過去に採用された提案を見ればわかる。しかし製造業にお
いて採用された提案は、大抵、製造部門に関するものであり、設計部門ではど
のようなことを“改善提案”と呼ぶのかも定かでなかった。つまり見よう見真
似という、何か新しいことを覚えるときの初歩的なアプローチも取れなかっ
た。また一般に改善提案で優れているとされるものは、すぐに類似の対象に対
して実行(いわゆる横展開・水平展開)される傾向にあるため、残念ながら過去
の提案はそのままでは使えないという特徴もある。すなわち、改善はその方法
を知らない者にとっては、とてもハードルの高い行為である。

3)　改善提案をした結果、自分にどのような利益があるのかがわからない

優れた改善提案を表彰する制度を設けている会社も多いであろう。これは改
善提案そのものへ関心を向けさせるためには、有効な手段であろう。一方で、
一般的に表彰されるのはごくわずかであるため、それに漏れた場合に提案者の
利益がゼロであれば、改善活動がきわめて利益の期待値が低い活動と見なされ
てしまうため、モチベーションを高く保つのは難しい。

これらのうち「2)どのように改善に取り組めばよいのかわからない」という
問題への対応が本書の主たるテーマになっている。要は技術・知識の問題であ
るため、十分な情報を提供し、理解を促し、方法を身に付けてもらおうという
ことである。

一方、「1)何のために改善活動をするのかを理解していない」と「3)改善提
案をした結果、自分にどのような利益があるのかがわからない」は密接にかか
わっているため、同時に解決することを試みることも可能である。すなわち改
善活動には活動実施者にとって大きな利益があると認識させ、その利益こそが
活動の目的だと理解させることである。この目的について、次の1.2節でもう
少し掘り下げてみよう。

1.2　何のために改善活動をするのか？そして何を得るのか？

トップダウンに行われる改善活動において、活動の動機を各々が自発的に見
つけることを期待するのは現実的ではない。もし仮にあなたの組織の構成員が
すべてそのような自発的な者であるならば、それはとても恵まれたことだと自

覚すべきである。また、あなたのやることは、その構成員にこの書籍を渡すことだけである。ただ筆者はこれまでの人生で、そのような恵まれた組織に所属したことがない……。

　一般的な組織において活動の動機はトップダウンに与える必要がある。これは組織が何に向かっていこうとしているのかを伝えるという管理者の最重要タスクである。

　さて改善活動を行う動機には大きく2つの段階がある。

① **今のままではいずれ大きな失敗をするのでそれを防止するという動機（マイナスをゼロにする）**

　大きな失敗が予想される職場では、誰も安心して働けないだろう。働く人の不安をなくし、みんなで安心を得ようとする動機である。例えば、安全性の向上やヒューマンエラーの防止がこれに該当する。

② **今よりよい状態にしようという動機（プラスをさらに大きなプラスにする）**

　1つめの動機は労働環境としての前提条件となる改善動機であり、こちらは経営を望ましい状態にするという動機である。すでに改善活動が行われていて、浸透した状態にある組織の場合には、概ねほとんどの活動の動機がこちらに分類されるはずである。例えば、生産性を今よりも向上したい、職場をより快適にしたい、「ムダ、ムリ、ムラ」を排除したいという動機が該当する。

　改善活動が定着していない組織の場合には、前者の動機を構成員に明示すると、受け入れてもらいやすいだろう。

　さて、どちらの段階の動機でも、改善活動を実施する者に示すことができたら、次は改善の方法、もしくはどのように改善に取り組むかを伝える必要がある。筆者は改善活動の70%は改善（すべき）対象を見つけたところで完了であると考えている。もちろん、どのような方法を導入して改善すべきかにも、工夫すべきところはたくさんある。しかし、そもそも改善すると期待したような結果を得ることができる対象を見つけるのが大切であり、かつ難しい。

1.3　改善すべき対象を見つけるのはとても難しい！

　さて、そもそも改善すべき対象を見つけることと、世の中にない新しい商品・サービスを思いつくことは同じくらい難しい。よく日本の製造業は新しい

図 1.1　不満に感じるためには、よりよい状態があることを知らなければならない

商品・サービス分野を切り開くのが苦手だといわれる。例えば Apple 社の
iPhone が世の中に出て来たときも、一部の携帯電話メーカの技術者は
「iPhone を作れと言われれば作れた」と悔しがったと聞いた。日本の製造業
は、どう作ったらよいかを考えるのは得意だが、何を作ったらよいかを考える
のが苦手だと思う。

　さて 1.2 節であげた 2 つの動機のうち、一般的に前者のマイナスをゼロにす
るほうが、改善対象の発見が比較的容易である。なぜならば、人間誰しもが不
安に思っていること、不満に思っていることの 1 つや 2 つはあるので、それら
を書き出して改善対象にできるからである。しかし、この不安や不満に頼る方
法は、持続的に改善活動を行うのには適していない。

　なぜならば、何かに不満を持つということは、実は非常に高度な知識・技術
を要することなのである。

　例えば日々、おいしくないものを食べていて、人生で一度も本当においしい
食事を食べたことがなければ、まずいものを食べていても、それがまずいと不
満に思うことがない。図 1.1 に示すように、毎日ファストフードを食べて育っ
た人は、ファストフードが最もお気に入りの味になるのである[*1]。

　食べ物の例でピンとこなかった人のために、パソコンのアプリケーションの
キーボードショートカットを例に話をしよう。みなさんが日常的に使っている
文章作成ソフトには、たくさんのキーボードショートカットが用意されてい
る。Ctrl + S で保存や Ctrl + Z で Undo などが有名であろう。これらのキーボ
ードショートカットは、知っている人にとってはないと不便である。しかし、

---

　*1　いろいろな家庭の事情があるので、ファストフードをすべて否定すべきではないが、
　　　やはりいろいろな味を知っているほうが人生が豊かになるのではないだろうか。

そもそもキーボードショートカットを知らない人は不便と感じるであろうか？
いや、何の不満もなく、マウスを長い距離動かしているに違いない。つまり不
安・不満に思ってもらうためには、不安・不満を感じられる人間を育てなけれ
ばならない。

1.4　どうやったら改善すべき対象を見つけられるか？

　改善すべき対象を見つけるための一番簡単な方法は、自社よりも進んだ企業
の情報を入手し、自社が取り組んでいないことを見聞きし、導入することであ
る。再び食べ物の例え話となるが、自分が普段食べている物よりもおいしい物
を食べれば、よりおいしい物とは何か？ということを知ることができる。結果
として今食べているものは、あまりおいしくないものだから、「もっとおいし
いものが食べられるように改善しよう！」ということになるのである。

　このアプローチを具現化する方法として最初に用いられるのが、関連企業を
定年などで退職した熟練技術者を顧問として雇う方法である。そして、次によ
く用いられる方法が、書籍として出版されている作業改善の事例集を読み、そ
こに書かれている方法の真似をするという方法である。改善関連の書籍には
「トヨタ式」と銘打ったものが多い[1][2]のも、日本の一大企業であるトヨタさ
んのノウハウをできるだけ取り入れたいと考える読者の意識をくすぐろうとす
るものである。

　しかし、これらの方法にはすぐに限界が来る。顧問や書籍から得られる新し
いもの、より良いものに関する情報をすべて導入し終わったら、改善すべき対
象が見つからなくなるからである。

　これらの方法の一番の問題は、ムダ・ムリ・ムラへの具体的な対処法は知る
ことができるかもしれないが、改善の対象がなぜムダ・ムリ・ムラに該当する
かの「原理・原則」が書かれておらず、またそれらを発見し、対処法を考える
「方法論」も書かれていないという点にある。

　ではどうすればよいだろう？

　答えは、そもそも論として、「今より、良い状態がある、または今の状態は
未来の失敗につながる悪い状態である」ことに気づくような知識・技術を身に
着けることである。今食べているもののおいしさに満足せずに、「原理・原則
から言えばもっとおいしいものが作れるはずだ」もしくは「この調理方法は実

はおいしさを損ねているはずだ」と気づけるようになることである。

　この原理・原則についてのヒントを与えてくれる1つの学問として本書では人間工学に注目する。

1.5　「人間工学」とは？（本書の捉え方）

　人間工学を科学者らしい言葉で定義すると、人の運動・認知機能を工学的アプローチにより、定性的・定量的にモデル化したものである。

　モデル化や工学的アプローチという言葉だけ聞くと、とても難しいことのように思えるかもしれないが、「人はこんな性質を持つよね」とか「人のこの能力の平均値はこれくらいだよね」と、一般に工学が対象とする機械システムや電気システムと同じような方法で"人の機能・性能"を取り扱う学問である。

　人と機械を同じように捉えると言うと、SF（Science Fiction）映画で機械に虐げられる人間を想像し、多少の嫌悪感を覚えるかもしれない。でも、ここはひとつ冷静になってほしい。人が十人十色の異なる特性を持つのは筆者自身もよく理解しているし、その異なる特性を尊重することは大切である。しかし、何か仕組みを構築する側の立場になると、十人十色の異なる特性すべてに適合した仕組みを作るのは非常に困難であることを思い知らされる。これはある対象への検討結果および試行の成果を、別の対象に対して再利用できないという意味で非常に厄介なことである。そこで、ここでは「汎用的（ユニバーサル）な仕組みを作ることはよいことだ」という仮定を置くことにし、人間を1つのシステムとして捉えようとするのである。

　人間の特性を考えるためには、大きく分けて2つの機能を考える必要がある。1つは身体の活動として現れる身体・運動機能であり、もう1つは頭の中で行われ外からは活動が観察できない認知機能である。

　一般に人間工学というと、座りやすい椅子や打ちやすいキーボードなどの身体機能、運動機能に目が行きがちである。実際に人間工学を用いて開発したという商品のほとんどは身体・運動機能に関して検討を行ったものであろう。しかし、本書では認知機能の部分も重視したい。なぜならば、多くの失敗、ヒューマンエラーに認知機能が少なからずかかわっていると考えているからである。

　さらには、例えば製造業の設計部門、総務部門、経理部門といったデスクワークが中心の読者にとっても、有意義な情報を提供したいと考えている。製造

部門がどれだけ優れた製造ラインを構築しても、設計部門がミスをし、製品の設計そのものに不具合があれば商品としての価値がない。また設計部門がどれだけよい製品を開発しても、経理部門が正しい経理を行い、利益を回収できなければ経営は成り立たない。よって、デスクワークが中心の部門もこれまで以上に積極的に改善にかかわってほしい。

したがって、一般的な人間工学と呼ばれる教科書に書かれている内容より、本書が"人間工学"として扱う範囲はかなり広い。そして人間工学を厳密に定義することは本書が目指しているところではない。むしろ改善活動に使える人間工学の知識を身に付けてもらうことを目指したい。

1.6　本書が目指すところと、その実現アプローチ

さて1.5節までで、改善活動の対象を見つけることが難しいことを伝えた。そして広く捉えた人間工学がその解決方針になるという提案をしてきた。

ここで一度話をまとめておこう。

【本書の目標】

① 本書の目標は、「改善活動の対象を発見し、その対象をよりよく改善する方法を創出できるようになること」である。

② 目標達成のために、身体・運動機能と認知機能に関する広義の人間工学の考え方を参考として、今の状態は未来の失敗につながる状態である、または何かしらの改善を行うことにより今よりよい状態にたどり着けることに気づいてもらう。

③ 続いて、失敗につながる状態を改変する技術、そして、よりよい状態を創出する技術を身に着けてもらう。

上記の目標を達成するために、本書では次のようなアプローチをとる。

【本書のアプローチ】

① まず1st Stepとして、人間の限界を超えていて、人にはそもそもできないことを紹介し、限界を超えた悪例を紹介する。これによって、まずは人間にはどんなことがうまくできないのかを知ってほしい。も

> ちろん、「うまくできないことの反対」は「うまくできること」ではない。
>
> ②　そこで本書では 2nd Step として、どうすれば人がうまくできるようになるかを議論する。

2nd Step「どうすれば人がうまくできるようになるか」の部分だけ読めば改善ができるのでは、と思われた方もいるかもしれない。果たして本当にそうだろうか？

世の中で一般的に売られている教科書や参考書には正解（しかも少数の模範解答だけ）しか書かれていない。しかし、（よくある）間違いを示してくれたほうが、なぜ自分はうまくできなかったのかを理解できるのではないだろうか？特に改善活動は、何かうまくいっていないことがあるから改善が必要なわけで、最初から正解を見せられても他人事のように感じてしまうだろう。

模範解答よりも、よくある間違いを重視する上記のような、つまり、「成功よりも失敗に学ぶ」アプローチを取ることから、本書は「失敗学」と考え方が似ているとも言える。失敗学とは東京大学名誉教授の畑村洋太郎先生や同大学機械工学専攻教授の中尾政之先生らが提唱している学問[3][4]である。失敗学は世の中で起きたさまざまな失敗の事例集を構築し、それらの失敗に共通する真の原因（「不注意だった」のような単なる反省ではなく）を分析することで、同じような失敗を発生させないための基礎力を高めようとする学問である。関東の工場で起きた同様な事故が関西の工場でも起きる。熟練技能者が退職したせいで 30 年前に起きた事故と同様な事故が起きる。そんな不本意な状況を避けようとするのが失敗学である。

悪例から学ぶことは多い。少なくとも何が悪いかということを定義できるようになるだけで立派な成長である。

第2章

人間工学的なモノの見方で 改善を行うための基礎

　本章では、人間工学的なモノの見方で改善を進めるための基礎を伝えたい。繰り返しになるが、本書の目的は人間工学を詳細に伝えることではない。人間工学について詳細に知りたい場合には、横溝克己先生、小松原明哲先生が執筆された書籍『エンジニアのための人間工学』(日本出版サービス)が網羅的であり、かつわかりやすいのでお勧めである[5]。本章の内容も、この書籍を参考にさせていただいた。

2.1　人間工学の源流

　人間工学は米国では Human Factor と呼ばれ、欧州では Ergonomics と呼ばれている。日本ではカタカナ表記でエルゴノミクスと説明された商品が複数見られる。ちなみに "Ergo" とは作業(Work)のこと、"Nomics" は自然法則(Natural laws)のことを表し、作業の自然法則というのが語源の意味するところである。

　人間工学が発達した経緯は大きく以下の3つに分類される。

【人間工学の3つの源流】

①　作業環境の改善

　産業革命(産業機械の導入)に伴い、人の働き方が大きく変化した。これまでの家内制手工業から、工場制手工業へと向かい、そして近代の機械制大工業へと遷移していく過程において、作業者の安全・健康に対する関心が高まった。これは別の見方をすると当時の(人間工学という意味で未熟な)機械の動きに人が合わせることの限界に気づき、なんとかその状況を打破しようという動きが起きたということである。

②　作業経済性の向上　1910〜1920年頃、米国流の心理学を基礎とし

9

て、人間の力を最も経済的に使用する研究が盛んに行われた。現代でも続く作業研究の流れの 1 つである。つまり、人間には疲労、失念などの限界があり、その限界を超えた場合に経済性が著しく低下するため、その限界を超えないように管理することが重要だと気づいたわけである。

③　**事故の予防(特に航空機)**　第二次世界大戦前後、米国空軍を中心として航空機事故が多発した。航空機の状態を表すパラメータは非常に多く、コクピットのコンソールは図 2.1 に示すようにそれらのパラメータを示す表示器で埋め尽くされていた。この状況において、各パラメータに異常が起きていたとしても、それを漏らさずに認知することは困難であった。この人間の限界・特性を明らかにし、コンソール設計に一定のルールを設けようという考えが生まれた。人間の操作ミス、認識ミスなどにもとづく事故の原因分析は、ヒューマンエラー分析とも呼ばれる。

3 つの源流に共通するのは、人間には限界(できない、耐えられないこと)があるということである。人間工学とは「人の限界を把握する学問」であると理

図 2.1　航空機のコクピットのコンソール

解すると、本書のテーマである改善活動とのかかわりが理解しやすいであろう。

Column 理論とノウハウ

　生産現場の担当者に対して人間工学のアドバイスをすると、「先生が話して いることは理論的に正しくても、現場では役に立たない(うまくいかない)」と の意見をもらうことがある。この意見は半分正しくて、半分間違っていると思 う。まず正しいと思うのは、理論的に正しいだけでは現場で役に立つものには ならない。図2.2(a)に示すように理論というは、技術の基礎となるもので応用 範囲は広い。一方で、生産活動に役に立つという意味では、必ずしも高い技術 レベルを有しているとはいえない。よって図2.2(b)のように、基礎的な理論 の上に各生産技術に適用するためのノウハウを積み上げる必要がある。よっ て、繰り返しになるが理論的には正しいものであっても、それを使えるレベル にするためには、さまざまなノウハウを積み上げる必要がある。

　しかし、特定の商品・サービスがいつまでも存続するとは限らない、時に図 2.2(c)に示すように、応用範囲を変えて勝負をしなければならないときもある

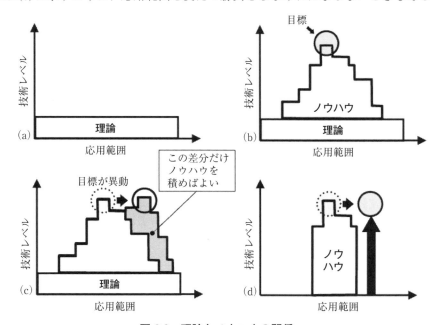

図2.2　理論とノウハウの関係

だろう。そんなとき、基礎となる理論の上にノウハウが蓄えられていれば、隣の（別の）応用を狙うことも可能である。しかし図 2.2 のように、基礎となる理論なく、特定の応用範囲にしかノウハウを蓄えていない場合には、新たな応用を狙うために、また 1 からノウハウを蓄えなければならない。このノウハウを蓄える時間はすなわち競合からの遅れとなり、最悪の場合ビジネスの失敗を示す。繰り返しになるが、理論は広い範囲の基礎となる。

　よって正しい表現は、「理論的に正しくなければ、現場では役に立たない（うまくいかない）」そして「理論的誤りの上にノウハウを積むことはできない」である。

　ちなみに、一般的に導出する難しさは「ノウハウ＜理論」である。なぜならば、理論では広い範囲で正しいことを見つけなければならないからである。一方の導入する難しさは「ノウハウ＞理論」である。なぜならば、ノウハウは（完全に）一致する応用分野にしか適用できないからである。人が導出してくれた理論体系が手に入るのであれば、明日にでも導入するのがお得である。結局、「教科書を買って勉強しなさい」という大学の教員らしい発言をすることになる。

2.2　人間の限界を正しく知るために必要な見方

　さて、人間の限界を正しく知るためには、あなたの身の周りで起こる失敗、事件、事故を、これまでと違った、新しい見方で見なければならないかもしれない。表現を簡単にするため、ここでは失敗、事件、事故をまとめて単に「事故」と呼ぶことにする。この節では、3 つのステップで新しい見方を説明していこう。

2.2.1　腐ったリンゴ理論からの脱却

　あなたがある組織を束ねる人間であるとしよう。そしてその組織で失敗が起こるたびに、いつもこんな風に感じていないだろうか？

> また A さんが失敗したか！？
> A さんが退職すれば失敗はなくなるのに……

　このような考え方を、豪州 Griffith University の Sidney Dekker 教授は「腐ったリンゴ理論」と呼んでいる[6]。腐ったリンゴ理論とは、以下のような考えによって構成される。

【腐ったリンゴ理論】
① 　一部の人間の注意不足もしくは能力不足によって事故は発生する。
② 　その一部の人間に正しい教育を施せば（もしくは一部の人間を排除すれば）、事故は根絶できる。
③ 　腐ったリンゴは周辺のリンゴも同様に腐らせる。

　これはヒューマンエラーを事故の原因とする見方である。そして、このような考え方は一般的に受け入れやすい。なぜならば、注意不足または能力不足だと思われる一部の人間だけに注目し、対処を施せば、事故の後始末が"終わったこと"になるからである。日本の武士の切腹もこれと同じであろう。誰かが「私が悪うございました」といって、腹を切ってしまえば、本当は何が悪かったのかなど考えず、その件は終わるのである。
　さて、この腐ったリンゴ理論が改善活動を行うのに適していないことは、読者のみなさまにも気づいていただいているだろう。しかし、さらにやっかいなことに事故の対処においては腐ったリンゴ理論以上に難しい問題がある。それが後知恵・神の目線である。

2.2.2　後知恵・神の目線の排除
　事故が起きると大きな会社では対策チームが立ち上がるであろう。そのチームでは、なぜその事故が起きてしまったのかの原因分析を行うことになる。しかし、ここで真の原因分析を阻むのが後知恵・神の目線である。
　後知恵・神の目線を簡単に体感してもらうために、図 2.3(a)に示すようなアミダくじをやっていただこう。目標はゴール★と書かれた場所にたどり着くスタートを見つけることである。答えが 'C' であることは容易にわかるであろう。
　しかし、実際に事故が起きた現場が図 2.3(a)のような状況であることは、まずあり得ない。現実にはあり得ない点を書き出してみよう。

---

① 途中の分岐の様子をすべて事前に知っている

　どこまで進むと次にどちらの方向に曲がる（どんな結果が起きる）かを事前に知れるのであれば、そんな楽なことはない。実際にはそこまで進んでみて、初めてどのような結果になるかがわかるのである。

② たどり着くゴールがどこであるか（何であるか）を事前に精確に1つに絞り込めている

　どんな会社でも、どんなプロジェクトでもゴール（目標）を設定するのは当然である。しかしゴールが範囲を持たず、たった1点に絞り込まれることは稀であろう。

　すなわちこれらが後知恵または神の目線と言えるものである。一般に、事故が発生した後に分析する者は作業者の周辺で何が起こっていたのかを網羅的に把握できる。しかし実際には、図2.3(b)のように限られた情報の中で、さらには限られた時間で判断を求められ、その1つの過程としてヒューマンエラーが発生しているのである。

　事故が発生した後に分析する者は、さまざまな情報が机の上に並び、そして

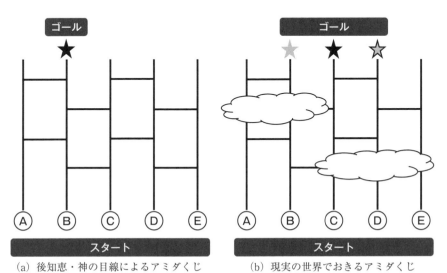

（a）後知恵・神の目線によるアミダくじ　　（b）現実の世界でおきるアミダくじ

図2.3　アミダくじで神の目線を体験してみよう

じっくりと考える時間が与えられるので、その事故にかかわった人間は、まさに事故につながるような行動を選択しているようにしか見えなくなってしまうのである。「あのとき、他の選択肢もあったはずなのに、なぜ……」とは、後知恵を持つ者の典型的な発言である。

2.2.3 局所的合理性原理

　では腐ったリンゴ理論から脱却し、後知恵・神の目線をなくすためにはどのように考えたらよいのだろうか。Sidney Dekker（シドニー・デッカー）は、これに対して「局所的合理性原理」という考え方を提案している[6]。

　これは、「人間は特定の状況で得られる情報を元に、その時点において最適な対応をしている」と考えるものである。別の言い方をすると、人がそのように判断・行動した（本人にとっては）合理的な理由・原因が本人およびその周辺には必ずあると考えるのである。もちろん合理的な理由・原因が事故関係者の"何かしらの不足"である可能性も否定はしていない。しかし例えば「注意や知識が不足する真の原因が事故関係者だけにあるのか」「事故を起こしたシステムにもあるのか」ということを広く考えなければ、大事な情報を見落とすことになる。

　このような話をすると、「本当に人は合理的に動くものなのか？ Bさんが合理的に動いているのを見たことがない。」などと、いわれることがある。ここで注意したいのが、人によって理が異なるということである。人生のすべてを注いで仕事に打ち込む人もいれば、単に収入を得るための手段として割り切って仕事をしている人もいる。自分から見て合理的でないからといって、その人にとっても合理的でないと考えるのは、正しくない。

　苦しい思いをして長期的な目線で努力をするのを避けて、短期的な快楽を満喫しようとする人も、本人としては十分に合理的なのである。

　さて、この局所的合理性原理にもとづいて事故を見ると、ヒューマンエラーの分析を、システムの欠点を見つける方法として利用できるようになる。すなわち、「Aさんが誤った判断したのはシステムに何かしらの不具合があったからだ」または「Aさんがあのような行動をとったのは、組織にこのような文化が根付いてしまっていたからだ」という改善対象を発見するきっかけになるのである。

　繰り返しになるが、改善すべき対象を見つけるのはとても難しい。そこで起

きてしまった事故を単に悔いるのではなく、そこから改善すべき課題を見つけ出すという前向きな姿勢が有効になるのである。

2.2.4　m-SHELL モデルを活用した網羅的なモノの見方

ここで広く考えるために役に立つのが、東京電力㈱技術開発研究所が提唱している m-SHELL モデルである[7]。SHELL モデルにはいくつかのバリエーションがあるが、図 2.4 に紹介する m-SHELL モデルを用いれば、本書で議論したいトピックは網羅できるので、ここでは他のバリエーションは取り上げない。

m-SHELL モデルは中心に置かれた作業者・操作者本人と、それを取り巻く、ソフトウェア（プログラム、文書など）、ハードウェア（機械・設備など）、Liveware（上司、同僚およびその意思疎通）、環境（時間・温度など）の4つから構成される。さらにそれら5つの要素の全体を Management（管理、組織風土など）が取り囲んでいる。

ここで過去の事故の原因を改めて考えてみると、m-SHELL の6つの要素の少なくとも1つに原因と呼べるものがあるのではないだろうか？　例えばこれまでは、「A さんの注意不足」で結論づけられていた事故分析に、以下のような疑問が生まれてくるかもしれない。

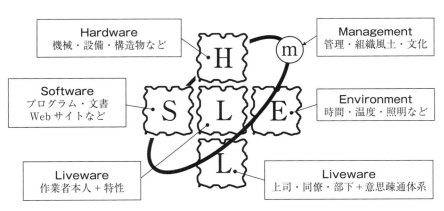

（出典）　坂井秀夫：「東京電力における安全教育、技術継承」、『安全工学』、Vol. 47、No. 6、pp. 421-427、2008 年[7]の図をもとに作成
図 2.4　事故の原因を広く考える足掛かりとなる m-SHELL モデル

> **【m-SHELL モデルの6つの要素から事故原因を考える】**
>
> Software…あの作業指示書の字は油で汚れていて読みにくかったんだよなぁ。
>
> Hardware…あの装置、最近故障が多かったから騙し騙し使ってたんだよなぁ。
>
> Environment…事故の起きた日の午後はエアコンが壊れていて、作業場は蒸し暑かったなぁ。
>
> Liveware（本人）…Aさん、実家に帰って家業を継ぐとかいっていたなぁ。
>
> Liveware（周囲の人々）…事故の前夜、Aさんと係長が口論になっていたなぁ。それでやる気をなくしてしまったのかなぁ。
>
> Management…毎週金曜日は定時に退社するルールがあったから、Aさんは焦ったのかもしれないなぁ。

　ここであげたのは、ほんの一例である。網羅的に書いたわけでもなんでもない。しかし、どれも注意不足となる真の原因になりそうなものばかりである。

　本書では、具体的に事故の原因を "絞り込む" ことを重要視していない。むしろ事故は関係するさまざまな要素の、複雑な相互関係によって発生するということを強調したい。そして複雑な相互関係のひとつひとつに改善の対象となるべきものがあることも覚えておいてほしい。

2.3　第2章のまとめ

　第2章で伝えたことをまとめてみよう。

　人間工学とは人の限界を把握する学問である。限界を把握することが、改善活動のきっかけにつながるだろう。

　事故は、ある人間の注意不足・能力不足が原因だと考える「腐ったリンゴ理論」から脱却しよう。

　後知恵・神の目線を持って事故の原因を分析するのは意味がない。

　人間は特定の状況で得られる情報をもとに、その時点において最適な対応をしているという考え（局所的合理性原理）を身に付けることが、人間工学的なモノの見方で改善活動に取り組むのに必要である。

　事故の原因は1つではない。複数の原因が相互に関係を持って影響している。

　さて、これで人間工学的なモノの見方で改善活動をするための準備ができた。次の第3章では具体的に、人間にはどんな限界があるのかを示していこう。

第3章

できない相談をしていませんか？
（人間工学から見た人間の限界を知ろう）

人間工学から見た人間の限界を次の7種類に分類して紹介する。

【7種類の人間の限界】

① 認知過程の限界（認知過程モデル、視覚・聴覚・情報処理時間の限界）

② 身体寸法・動作能力の限界

③ 覚醒・疲労・意欲の限界

④ 錯誤の発生

⑤ 記憶の限界・失念の発生

⑥ 知識・技術の不足

⑦ 違反の発生

　言葉の整理としてはすべて××の限界という表現でまとめるべきかもしれないが、言葉に否定的な意味が含まれている場合、無理に統一することで不自然な表現になってしまうため、ここでは避けた。

　①認知過程の限界と②身体寸法・動作能力の限界で扱う項目は、人間工学に馴染みのないみなさんでも、すぐに想像しやすい限界だと思う。一方で、これらの項目に該当する限界1つを修正するだけで、改善が期待どおりに進むことは少ないかもしれない。改善活動がある程度、習慣化されている組織においては、特にこれらの限界単体で考えるよりも、むしろ項目③以降と組み合わせて考えるほうがよいだろう。

　なお各限界において、それに対処する基本的な考え方も書いてあるが、具体的な対処法は本書の後半に詳しく述べている。本章では、あくまで大枠の方針を書いているに過ぎないことに注意されたい。

　それでは、各項目について説明していこう。

3.1　認知過程の限界

この 3.1 節では認知過程の限界を示すために、まずは人間の認知過程がどのように行われるかを単純なモデルで表すことにする。そして作業でよく使われる感覚である視覚と聴覚について、その限界を述べる。最後に少し話題を変えて、認知過程の各過程でどれほどの時間がかかるのかということを説明する。

3.1.1　人間の認知過程モデル

人間工学の教科書でよく説明される認知過程のモデルを図 3.1 に示す。

認知過程モデルでは左から右へ処理が流れていく。まず外界から何らかの刺激がやってきて、それを受容器が受け取り、それが感覚記憶となる。感覚記憶とは、それを認知することなく脳に直接生成される記憶のことである。嗅覚には、特にこの感覚記憶と強い関係があるといわれていて、食べ物の匂いを嗅ぐとなんだか懐かしい気持ちになるという経験は感覚記憶によるものだといわれている[8]。つまり嗅覚で得た情報の一部は、その後の認知活動を通さずに直接的に脳に働きかけることになる。

感覚記憶を通り過ぎた刺激は、注意選択器に入り情報の取捨選択が行われる。この情報の取捨選択のわかりやすい例は、カクテルパーティー効果と呼ばれるもので、たくさんの人が同時にそれなりの音量で話している環境においても、人はある特定の人と会話をすることができる。これはたくさんの刺激の中から注意選択器を通過したものだけを処理するという機能のおかげである。もし、この注意選択器の機能がなければ、人の脳は大量の刺激を処理することに

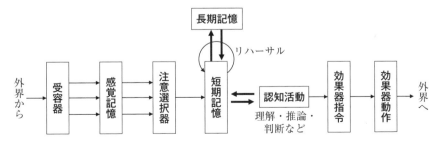

（出典）　横溝克己、小松原明哲：『エンジニアのための人間工学 − 第 5 版 −』、日本出版サービス、2013 年[5]の図を参考に著者作成

図 3.1　認知過程モデル

疲れてしまうであろう。そして注意選択器を通過した刺激は短期記憶に送り込まれる。

　短期記憶とは非常に短い時間だけ情報を保存しておくもので、コンピュータにおけるレジスタや RAM（Random Access Memory）に相当するものである。瞬間的に刺激を情報として処理するために、ほんの短い時間だけ情報を蓄えておくことができる。

　そして、この短期記憶に入ってきた情報が繰り返される（専門用語でリハーサルという）ことによって、他の記憶と交じり合い長期記憶が形成される。長期記憶はある程度の長い時間、情報を留めておくもので、コンピュータにおける HDD（Hard Disc Drive）や SSD（Solid State Drive）に相当する。一般に、"記憶" と呼んでいるものは、この長期記憶をさすことが多いだろう。短期記憶にある情報が、それ単体で処理されることもあるだろうが、実際には長期記憶から引っ張りだされた情報と組み合わせて、次の認知活動のステップによって処理されることが多い。

　認知活動とは、何かを理解したり、得られた情報から推論をしたり、判断を下すなどの活動である。一般的に脳が行っているとみなさんが思っている活動が、この認知活動であろう。認知活動による理解、推論、判断にもとづいて効果器（各種身体の可動部だと思っていただいてよい）の指令が作られて、それが実際に効果器に伝達される。

　最後に実際に効果器が動作することで、外界に影響を及ぼしたり、外界から更なる刺激を得たりする。

3.1.2　長期記憶と短期記憶

　さて、上の認知過程モデルの中で、長期記憶と短期記憶は改善活動において、特に重要なトピックであるので、詳しく説明していこう。

　例えば以下の 10 桁の数字がある。

```
0363481192
```

　短期記憶的な捉え方は、ゼロ・サン・ロク・サン……と 10 個の数字に意味づけをせず、そのまま受け入れ（処理しようとする）ものである。そして、普通の人はこの方法で 10 桁の数字を一瞬で覚え、情報として取り出せるようにす

るのは、なかなか難しい。

　しかし、長期記憶的な捉え方、すなわち数字同士の関係を読み取り、それをすでに形成されている長期記憶との関係によって捉えようとすると、話は違ってくる。すなわち、この10桁の数字を以下のように捉えたらどうだろうか？

東京(03)の、武蔵は(6348)、いい国(1192)

　単なる10個の数字でしかなかったものに意味が形成され、そして"東京の市外局番"と"武蔵という国の名前"と、それが"いい国"であるということを表現し、長期記憶として固定されるようになる。

　さて10桁の数字を、10個の数字そのままで覚えようとするのは、とても大変だということは理解してもらえたと思う。短期記憶は7±2チャンクの容量しかないといわれている[9]。チャンクとは記憶の数を表す単位であるが、ここでは単純に「個」と考えてもらって構わない。2000年代の研究によって、短期記憶の本当の要領は4±1チャンクであると提唱されている[10]。これはどのような内容を記憶するかによっても異なるといわれており、真実の容量がどちらであるかは、ここでの主題ではない。むしろ、人間の短期記憶には容量・制限があり、それを超えると短期記憶から漏れ出てしまうということが重要である。

　一方の長期記憶では短期記憶に入ってきた情報を「繰り返し」「意味づけ」「ものがたり化」することによって、特別な形に変換して保管する。余談であるが、円周率（π＝3.14159…）をできるだけ長い桁数記憶するという競技（挑戦？）では、数字を語呂合わせにより、物語りの登場人物およびその人物の行動として覚えることで10万桁以上を長期記憶化できるそうである[11]。

　では、すべてを繰り返して（リハーサルして）長期記憶化すればよいのかと言うと、それが無意味なことは、読者のみなさんも気づいているだろう。何しろ、まず長期記憶化するのはとても手間と時間がかかる。そして長期記憶化したものを引っ張り出すにも、それなりの手間と時間がかかる。よってその場で判断が求められるようなものすべてに長期記憶がかかわっていたら、実際には仕事にならない。

　そして残念ながら長期記憶化したものも、その記憶をしばらく取り出さないうちに、簡単には取り出せなくなってくる。そこで、この情報技術（Information

Technology：IT）が進んだ世の中においては、記憶の外部化という考え方が重要になってくる。これは記憶を引き出すきっかけだけ、自らの長期記憶に収めておいて、大容量の情報の本体はメモやスマートフォンに納めておくという考え方である。記憶の外部化については、7.3.1 項で詳細を述べることにしよう。

　さて、長期記憶・短期記憶に関して改善活動のために重要な考え方をまとめておこう。

- 短期記憶には容量・制限がある。それを超えるようなことがあると記憶の溢れがおきてしまう。
- 情報を長期記憶化するためには、「繰り返し」「意味づけ」「ものがたり化」が重要である。しかし、すべてを長期記憶化するのは適切ではない。よって記憶の外部化という考え方が必要になる。

3.1.3　視覚・聴覚の限界

　人間は五感の中でも視覚から特に多くの情報を得ているといわれる。視覚情報は、多様な規則を用いることでたくさんの情報を伝えることができる。文字、アイコンなどがその代表例である。

　特に人が文字から得る情報量はとても大きい。他の情報伝達方法と比較して、（映像に含まれる文字などを除く静的な）文字情報だけが、受け取る側が望む速度（ペース）で情報を受け入れられるというのも大きな特徴であろう。言語情報という意味では聴覚も同様に有効な手段であるが、聴覚で情報を受け取る速度は一般的に発話者の発話速度に依存するため、視覚を介した文字情報のようには速度（ペース）を任意に選ぶことは難しい。この 3.1.3 項では、五感の中でも特に改善活動と関係の深いと考えられる視覚と聴覚の限界について、説明していこう。

（1）　視覚の限界

　さて、まず視覚情報の限界についてまとめておこう。視覚には、以下のような限界がある。

【視覚の限界】
①　視野、眼球運動範囲
②　視力（空間分解能）

③　明るさ（光強度）
④　色分解能
⑤　動体視力（時間分解能）

　各々の限界を図 3.2 の視覚の模式図を使いながら簡単に説明していこう。
　まず、視野、眼球運動範囲であるが、人の目はレンズの役割をする水晶体で光を集めて、フィルムもしくは画像センサの役割をする網膜に投影して視覚情報を得ている。よって光を集めて投影できないと視覚情報を得ることができない。水晶体が光を集められる範囲は有限である。そこで眼球を動かすこと（眼球運動）で、その有限な範囲を補おうとするが当然眼球運動の範囲も限りがあるので、人が視覚情報を得られる範囲は限られる。
　空間分解能という意味では、水晶体のゆがみの影響、そして網膜上の視細胞の数に限りがあるため、それらの限界を超えた過度に細かな情報を視覚で得ることはできない。
　光強度（明るさ）に関しては、視細胞が光を受けて電気信号を発火させるためには、十分な強度の光強度が必要となる。十分な光が得られないと、工学的にいう SN（Sensor Noise）比が悪くなるため、くっきりとした視覚情報が得られなくなってしまう。なお SN 比とは、本来計測したい信号の変化幅（分散）を計測の対象ではない雑音の変化幅（分散）で割った値である。SN 比が良いとは計測における雑音の影響が小さく望ましい計測状態であることを示し、SN 比が悪いと雑音の影響が大きく望ましくない計測状態であることを示す。

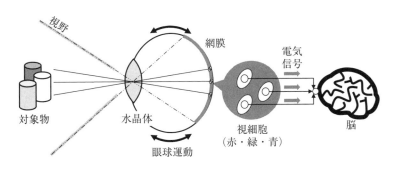

図 3.2　視覚の模式図

　色分解能に関しては、光の3原色である赤、緑、青の3つの光の波長に応じた3種類の視細胞がそれぞれ発火し、その発火量のバランスによって色を知覚する。しかし、すべての人が3種類の視細胞をすべて均等に発火できるわけではないため、色の識別能力は人によって異なる。

　最後の時間分解能に関しては、いわゆる動体視力といわれるもので、視覚情報を得たい対象が動いているときに、視力の良し悪しが人によって変わってしまう。これはビデオカメラを例に、一秒間に30コマしか撮影できないカメラと、1秒間に100コマ撮影できるカメラだと、後者のほうが高速に動いている物体の挙動を追跡できると言えばイメージしやすいであろうか。

　この時間分解能に関して臨界融合周波数という考え方がある。これは光の明暗が変化するときに、その臨界点よりも高速に明暗が変化すると、明暗の変化を視覚が認識できなくなり、一定の明るさであると認識してしまうという周波数のことである。周波数というと、何やら難しい物理を思い浮かべるかもしれないが、ここでは単純に「一秒間に何回明暗変化が繰り返されるか」程度に覚えてもらえばよい。ちなみに人間の臨界融合周波数は 50 Hz(つまり一秒間に50回明暗変化を繰り返す)程度であるといわれている。

　以上の要素を踏まえると、図3.3 に示したような範囲が視覚の限界であるといわれている。

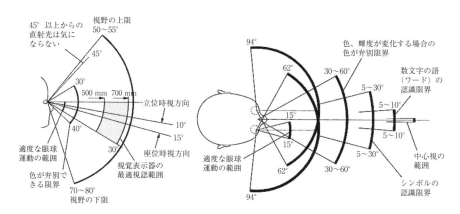

(出典)　Medical Research Council, Royal Naval Pesonnel Research Committee, Operational Efficiency Sub-Committee : *Human Factors for Designers of Naval Equipment*, 1971

図 3.3　視覚の限界

(2)　聴覚の限界

　次に聴覚の限界を見ていこう。視覚と聴覚の大きな違いは、"音が回り込む"ということである。物理現象としては"回折"という名前がついているが、要は光と比べて波長の短い波である音は、ただまっすぐ進むだけでなく、障害物の裏側にまで曲がることができる、と覚えてくれればよい。

　そんな回り込みの性質に加えて反射の性質もあることから、視覚で情報を伝達するのが難しい障害物の多い作業現場などでは、聴覚を用いた情報伝達が率先して行われている。しかし、聴覚にも次のような限界がある。

【聴覚の限界】

①　音の高さ（可聴域）

②　音の大きさ

③　音の合成

④　注意選択性の低さ

　各々の限界を簡単に説明していこう。まず人間が耳で聴きとれる周波数（音の高さ）は $20\,Hz \sim 200\,kHz$ くらいであるといわれている。さらにややこしいのは、加齢とともに高い音が聞き取りにくくなってくるため、若い技術者が調整した音声表示器が、高齢者にとって聞き取りづらいものであるということがしばしば起きる。

　視覚に働きかける光も距離に応じて弱くなる、すなわち減衰を起こすが、音の減衰は作業現場においては影響が大きい。よって人が聞き取りやすい大きさにするためには、音の減衰も踏まえて聴覚表示器（アンプ・スピーカ）を選定する必要がある。

　音は回り込む性質があるため、複数箇所で鳴っている音が重ね合わさり、本来それぞれの音が持っている情報が失われてしまう場合がある。例えば音楽を鳴らしている作業現場においては、アラーム音が聞きにくいなどがある。

　最後に注意選択性の低さだが、視覚の優れたところは見たくなければ図3.4に示すように、見たくないものを視野の外に出せばよいことである。視野に入ってこない情報は受け取れない。一方で、耳にはそのように受け取りたい音の方向（指向性）を制御するメカニズムが搭載されていないため、聞き取りたくなくても、刺激として受け入れてしまうという特徴がある。自分に関係のない雑

図 3.4　見たくないならば目を背ければよい。しかし聞きたくないからといって耳を背けるわけにはいかない

談やアラームの音が鳴り続けて、作業に集中できないなどの経験をみなさんもお持ちではないだろうか。聞きたい音だけに注意を向けるカクテルパーティー効果にも限界があるわけである。

3.1.4　情報処理時間の限界

　さて、視覚・聴覚にはさまざまな限界があることを述べてきた。この節では、認知過程モデルにおける時間的限界に注目しよう。図 3.5 は認知過程モデルの、各段階において最短で必要な所要時間を示している。ここでは特に視覚によって外界から情報を得て、手を用いて外界に何かしらの作用をもたらすことを想定している。ms（ミリセカンド、1/1000 秒）単位の時間であるので、各々は十分短い時間のように思うかもしれない。しかし頭脳労働では、長期記憶をひっぱりだして繰り返し短期記憶の中で処理を行う場合がほとんどであることを踏まえると、外界の変化を知覚してから、実際に手を動かすまでには、合計で 1 秒近い時間がかかることを意味している。

　自動車の運転免許教習所で、「危険を認識してから実際にブレーキを踏み始めるまでは 1～2 秒程度かかるよ」などと教わったことがあるかもしれないが[12]、その理由は、このように各認知過程の段階で、それなりの時間を要するからである。

　図 3.5 における効果器動作に必要な時間（T_h）については、3.2 節で詳しく述べるとしよう。

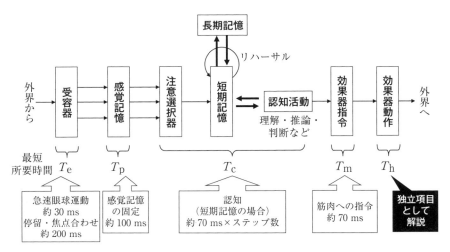

（出典）　横溝克己、小松原明哲：『エンジニアのための人間工学 − 第 5 版 −』、日本出版サービス、2013 年[5]を参考に著者作成
図 3.5　認知過程モデルの各段階で必要な時間

3.1.5　認知過程の限界への対処方針

　認知過程にはさまざまな限界があることを述べてきた。これらの限界は人が長い時間の進化の結果身に付けた、そもそも持っている特性であり、その特性を短時間の訓練などで変えることは難しい。よって、これらの限界があることをみんなで認識し、弱点として適切にフォローアップすることが大切である。

　つまり、作業環境を設計するときには、これらの限界を超えないことを要件として定義しなければならない。ただし実際に作業環境を設計するときの要件は、人の限界以外にも多種多様であり、実際にすべての要件を書き出すのは難しいであろう。そこで、「ある人がたくさんのミスを発生させている」といううわさ、そして誰かが「ある作業が難しい」と言っていることに耳を傾けなければならない。それは訓練が足りないとかそういう問題ではなく、そもそも認知過程の原則から言って難しいことである場合もあるのだ。このように人の限界を試していることは、誰かに“正しく”言い訳を言ってもらうことによって見つけることができる場合がある。言い訳法に関しては第 5 章で詳細に述べよう。

3.2　身体寸法・動作能力の限界

3.2.1　身体寸法による限界

　さて、身体寸法の限界といわれて何を思い浮かべるだろうか？高いところにあるものに手が届かないというような例を最初に思いつくかもしれない。もちろん、手が「届く」「届かない」はとても重要な議論であるが、手が届くからといって快適であるとは限らない。例えばそこに手を届かせるために、全身のどの筋肉をどれくらい使っているかが重要である。よって人には快適に作業ができる身体運動の範囲というものがある。このような身体運動の範囲は人間工学という学術の主たるテーマであるが、本書は人間工学そのものを掘り下げることが目的ではないので、ここでは細かくは議論しない。

　重要なのは、快適に作業ができる身体運動の範囲は人の身体寸法によって大きく異なるということである。例えば、作業台の高さを例にあげると図3.6に示すような配置が人の身体寸法とかかわっている。最適な台の高さは肘の高さによって異なり、また最適な表示器の高さは作業者の目の高さによって異なる。

　重要なことは、作業に従事する者の身体寸法がどれくらい異なり、そしてそのバラつきは、実際に作業をする環境を変更するほど大きなものなのかを議論することである。

　自社の社員の平均身長やそのバラつきの情報を把握している人がどれくらいいるだろうか？もし貴社が女性労働者または外国からの労働者をたくさん雇用しているとしよう。その作業環境はそれらの労働者にとって快適なものだろう

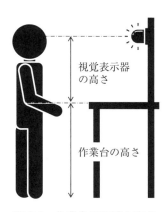

視覚表示器
の高さ

作業台の高さ

図 3.6　作業台の最適な高さ

表 3.1　男女・国による平均身長の差異

	日本[*1]		ベトナム[*2]	
	男性	女性	男性	女性
平均身長(cm)	170.7	157.9	164.5	153.6

＊1：https://ja.wikipedia.org/wiki/身長を参照
＊2：https://zingnews.vn/nguoi-viet-nam-lun-thu-tu-the-gioi-
　　　35-nam-chi-cao-them-4-cm-post996178.html を参照

か。例えば一例として日本人男性が多い職場とベトナム人女性が多い職場を想定して議論をしてみよう。正確な統計データではないかもしれないが、表 3.1 に Web ページより入手した成人男女の平均身長のデータを示す。このデータを見ると性別による平均身長の差異は 10 cm 以上とかなり大きく、さらに出身国が異なると数 cm 以上の平均の差が出てくる。これにより、日本人男性とベトナム人女性の成人の平均身長には 15 cm 以上の差異が生じることになる。これはあくまで一例として取り上げたが、15 cm の身長の差異は作業環境の寸法を決めるうえで、小さくない値であることは伝わったのではないだろうか。

3.2.2　動作能力の限界

　さて図 3.5 (p. 28) の右端に示した効果器(例えば手足)動作に必要な所要時間(T_h)についての話をしよう。ここでは精密な作業をするときに用いられる手先動作に限定して話をしよう。
　手先の動作に必要な時間(T_h)は式(3.1)で計算できる。

$$T_h = k \times \log_2(D/S + 0.5) \tag{3.1}$$

$\log_2$ とは 2 を定数とする対数である。$y = \log_2 x$ とおくと、$x = 2^y$ の関係が成り立つ。つまり 2 を何乗するとその値となるかを表しているのが、2 を定数とする対数である。
　D は対象物までの距離(mm)、S は対象物の大きさ(mm)である。また k は定数であり 50～120 ms となる。つまり、どれだけ離れた、どれだけの大きさの対象を操作しようとするかによって手先の動作に必要な時間は変わってくる。
　では具体的にどのような時間になるか、$k = 120$ ms の場合をグラフにしたのが、図 3.7 である。1 m 離れた、1 cm のものに手先を移動させるのに、およそ

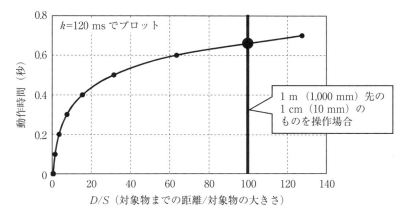

図3.7　手先効果器を目標の対象物まで到達させるのに必要な時間
（k＝120 ms の場合）

0.65 秒かかるとの計算になる。定数 k は 50〜120 ms と 2 倍以上の幅があるた
め、厳密にこの式を当てはめることにはあまり意味がないかもしれない。一方
で、「遠い者に手を伸ばすには遠いなりの、小さなものに手を伸ばすには小さ
いなりの配慮をしなければ、人間の能力の限界に到達してしまいますよ」とい
う直感的な理解がまずは大切である。

3.2.3　身体寸法・動作能力の限界への対処方針

身体寸法および動作能力の限界も、今日明日でどうにかできる限界ではな
い。よってこれらも設計における要件として定義されるべき項目である。みん
なが納得して要件として定義するためには、組織の中で例えば身体寸法のデー
タを収集し、匿名化したうえでグラフ（ヒストグラム形式が好ましい）を作成し
てみるとよい。みんなが思っているよりも、組織のメンバーが多様であること
が理解できるだろう。このように、まずは人の多様性を見える化し、自分にと
っては簡単なことも、他の誰かにとっては難しいことであるかもしれないと想
像力を膨らませるきっかけを作ることが大切である。

Column　ロボットマニピュレーション

人の足は自重を支えていることからもわかるように、大きな力を発揮するの

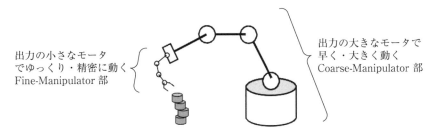

図 3.8 Coarse-Fine Manipulator の概念図、実際には 2 つの Manipulator は異なる構造を採用していることが多い

は得意であるが、その筋力の大きさゆえに細かい作業をすることには向いていない。

　もちろん訓練をすることで、足の指で折り紙の鶴が折れるようにもなるようで、Web のキーワード検索で「足の指折り鶴」などと検索をすると、おもしろい動画がヒットする。しかし、これらの動画をアップロードしている人たちが"特技"と表現するように、足の指で細かい作業をしようとすることは人間工学的には妥当ではない。

　出力の大きな筋肉（アクチュエータ）で、細かな作業をしようとするのが適していないのは、何も生物に限ったことではない。筆者の専門であるロボット工学の分野でも同じである。これを解決するために図 3.8 のように出力の大きなモータで構成されたマニピュレータ（ロボットアーム）と出力の小さなモータで構成されたマニピュレータを直列につなぐことで、大きな力を出しつつ細かな作業を可能とする研究があり、"Coarse-Fine Manipulator"と呼ばれている。

　ロボットを作ろうとすると、原理原則に立ち返る必要が出てくるときがある。改善においても、原理原則に立ち返って"無理"をしていないか省みることが大切であろう。

3.3　覚醒・疲労・意欲の限界

　さて身体寸法・動作能力の限界の次は、覚醒、疲労、意欲の限界について説明しよう。これらの限界は、人間工学に関する知識が足りない組織の中では、"やる気の問題"として片付けられてしまうことがあり、見過ごされやすい限界である。

しかし、眠かったり疲れていたりすれば当然生産性は下がるし、ましては意欲がない人間に対しての「やる気を出せ！」という指摘が、意味がないことは明らかであろう。そこで本節では、これらの限界が単なる精神論では解決しないことを説明していこう。

3.3.1 覚醒・疲労の限界

人の覚醒水準(一般的な言葉では、注意集中能力)は、肉体の状態、作業環境、時刻、作業継続時間によって大きく異なる。例えば次のような体験をみなさんもしたことがあるのではないだろうか。

【注意集中能力低下の例】

① 昼食後の暖かい部屋での会議で、ついウトウトしてしまう。
　⇒環境影響による注意集中能力の低下
② 深夜または早朝に送付したメールの送り間違え。
　⇒体内時計のリズムとの不一致および疲労による注意集中能力の低下
③ 社長へのプレゼンテーションで緊張して、質疑応答で失敗する。
　⇒覚醒水準が急上昇し、一点集中な見方になる
④ 納期が迫っている中、大慌てで提出した資料の数字に誤りがあった。
　⇒疲労および極度の緊張による注意集中能力の低下

「①環境影響による注意集中能力の低下」は、昼食後で消化器官への血流が多くなっている状態である。身体全体を温め、脳を休めるのに適した環境である。脳が休んでいる中で、思考を巡らせよというのは無理な相談である。

「②体内時計のリズムとの不一致および疲労」は眠気をもたらす。人には体内時計のリズムがあり、深夜時間帯になれば疲れも感じるし、眠くなる。交通事故の死亡事故件数は 17 時〜19 時台の日没時間帯が多く、これは夕日または薄暗い環境での視認性の低下がもたらしている[13]。一方で居眠り運転による事故は、2〜6 時の深夜・早朝時間帯と 14〜16 時の昼食後の時間帯が多い。深夜・早朝の時間帯は交通量が少なく交通事故全体の件数も少ないことを考慮すると、相対的に居眠り事故が発生しやすい時間帯であるといえよう[14]。よって「深夜・早朝時間帯に注意集中能力を高く保ちなさい」ということ自体が無理な相談である。

「③覚醒水準の急上昇」は視野を狭めてしまう。顧客や上司の前でのプレゼンテーションで、思ったように質疑、応答ができなくて悔しい思いをした人も多いであろう。発明家や科学者が自らの発明の起源を問われたときに、「お風呂に入ってリラックスしているときに思いついた」などと答えているのを聞いたことがあるかもしれない。少なくとも、何かを広く、深く考えるときに覚醒水準が極度に高いことは望ましいことではない。なぜならば、覚醒水準が高すぎると多様なケースを網羅的に考えることができないからである。

「④疲労および極度の緊張による注意集中能力の低下」は急いでいるときなどに起こる。例えば、納期が迫っているということに注意集中能力を奪われ、実際に作業をしている対象に注意を向けることができなくなっている状態である。「③覚醒水準の急上昇」として見ると、納期を間に合わせるということに対して一点集中的なモノの見方になっているとも言える。そして納期が迫っているときは、その直前にも他の業務で忙殺されていることが多く、疲労している中で注意深くなれというのはできない相談である。

覚醒・疲労の限界は落ち着いて考えれば、これらに限界があることは誰でも認めることができると思う。しかし、一般に業務管理がうまくない組織では、日常的にこの限界を試されるようになり、そこに限界があるということを忘れがちである。

目前の業務がひと段落したあとで、一度「これ、そもそもできない相談をしてないですかね？」と疑問を呈してみよう。自分で自分の行為に疑問を呈するのは難しいので、同じチームの他の誰かに疑問を呈してもらうのも有効である。繰り返しになるが、チーム内の目前の業務がひと段落し、チーム全体が限界を試されていない状態で疑問を呈することが大切である。そうでないと、「この忙しいのに、アイツは何を言っているんだ！」とせっかくの貴重な意見が無視または否定されてしまうかもしれない。

3.3.2　意欲の限界

マズローの欲求段階説という言葉を聞いたことはあるだろうか。図 3.9 はマズローの欲求段階説を模式的に表している。一番下（Level 1）が最も基本となる欲求であり、それらが満たされると徐々に高い Level の欲求を求めるようになるという考え方である。

各々の段階で、人がどのようなことを欲求するのか簡単に説明しよう。

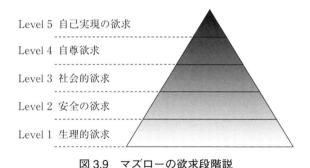

図3.9 マズローの欲求段階説

【マズローの欲求段階説】

Level 1（生理的欲求）

　生理的欲求は生き物としての最も基本的な欲求であり、食欲、睡眠欲、性欲などが該当する。能動的に何かを求めるというよりは、自然と身体が欲してしまうという表現のほうが適切かもしれない。

Level 2（安全の欲求）

　安全の欲求は、基本的な生理的要求が満たされた後で、自らの生命を脅かす危険を排除して安全でいたいと思う要求である。これもどちらかというと生き物として自然と求めるという表現が適しているであろう。

Level 3（社会的欲求）

　社会的欲求は、自分が何かしらの組織・団体に所属していたいと願うものである。家族と供に居たいというのも、この欲求の1つである。Level 1と2が生物単体でも成立する可能性があるのに対して、Level 3以上は本人を取り巻く本人以外の存在との関係によって、初めて成立する要求となる。

Level 4（自尊欲求）

　自尊欲求は、所属している組織において自分が大切だと思われていたいと願うものである。ただ組織に所属しているのではなく、その組織の中で一定の地位にいる、または一定の役割を持っているということが認知できて初めて、この欲求が満たされる。

Level 5（自己実現の欲求）

　最後の自己実現の欲求が最も上位の欲求であり、これは"自分がなりた

いと思う自分を実現する"ことで満たされる欲求である。自分がなりたい
自分を明確に定義すること自体が高度なことであるので、なかなか自己
実現の欲求を満たすのは難しい。

　以上をまとめると、人は「その仕事が自己実現につながっている」と感じら
れたときに最も意欲を感じる。そう感じられない場合には、正当な対価(報
酬、名誉)を支払うことによって、自尊欲求を満たす必要がある。もし正当な
対価を支払われていないと感じた時、仕事への意欲は低下し、要求されている
機能、能力の発揮が難しくなる。これが意欲の限界である。
　組織の中の仕事で自己実現をするのは難しい、個人の利益よりも組織の利益
のほうが優先されるからである。組織の構成員に自己実現をさせるのが難しい
場合には、適切な報酬・名誉を用意し、意欲を高く保つのが短絡的かつ現実的
な解である。真の働き方改革の目標の1つは、自己実現が可能となる社会・職
場を創り上げていくことだと思うが、どうも世の中はそのようには動いていな
いようである。

3.3.3　覚醒・疲労・意欲の限界への対処方針
　「やる気を出せ!」と大声を出して物事を解決しようとする時代は終わっ
た。人はみんなそれぞれに事情を抱えて生きているので、やる気を出すことが
難しい場合もあるのだ。結局のところ、それぞれの事情をひとつひとつ汲んで
あげて、理解し、解決してあげるしか方法はないのである。他の人からみる
と、あり得ない事情であっても、当の本人にとっては非常に大きな事態であっ
たり、悩みであったりすることも多い。それほど大きな事態と捉える必要がな
いことであれば、その理由を明確にしつつ説明してあげる、また大した悩みで
なければ、その理由とともに励ましてあげる、このようなそれぞれの事情に応
じた対応が、覚醒・疲労・意欲の限界に対処する基本的な方針である。
　しかし、この事情をみんなが表に出せるような組織になることはなかなか難
しい。そのために本書では言い訳法という問題発見方法を第5章で紹介する。

3.4 錯誤の発生

見間違い、取り違い、思い違い、思い込み、考え違いなどを錯誤（スリップ）と呼ぶ。この節では、この錯誤が発生する仕組みを SRK モデルと呼ばれる認知から行動までの流れを示すモデルを用いて説明する。

3.4.1 SRK モデル

図 3.10 に、SRK モデルの概念図を示す。SRK モデルの SRK とは、技能（Skill）、規則（Rule）、知識（Knowledge）の 3 つをつなげたもので、このモデルは、人は作業に応じて情報入力を技能、規則、知識の 3 つの異なるレベルに引き上げてから行動を出力するということを表している。

いくつか例をあげて、どのような行動がどのレベルの行動となるのか説明をしよう。自転車が倒れないように運転するのは、視覚や体の傾き（三半規管によって知覚される）情報の特徴抽出をし、そのまま自動的な感覚、動作によって行動に移すため、技能ベースの行動となる。

大量生産品の組立作業は作業標準に照らし合わせて、それに従うことが求められる。よって規則ベースの行動となる。これまで作ったことのないような製品を開発する作業は、情報を解釈し、予測・推察することが必要となるため知識ベースの行動となる。

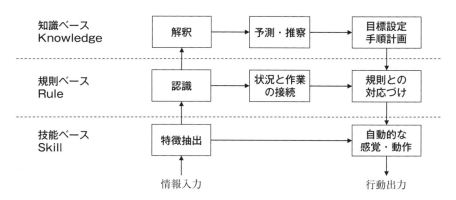

（出典）Jens Rasmussen："Skills, Rules, and Knowledge; Signals, Signs, and Symbols, and Other Distinctions in Human Performance Models", *IEEE Transactions on Systems, Man, and Cybernetics*, Vol. Smc-13, No.3, p. 258, Fig. 1, May/June 1983.

図 3.10 SRK モデルの概念図

ちなみにほとんどの行動の場合、情報入力から行動出力を一度だけ行うのではなく、再び情報入力を得るところに戻り、この処理を繰り返すことになるため、技能ベースの"ループ"を取る行動と表現するほうが適切であろう。

知識ベースのループを取るほど多段階のステップを経る必要があるため、高度な情報処理が必要となり、負担も大きい。よって、日常生活の中で頻度高く行う行動は、一番低レベルの技能ベースのループで処理を行えるように脳の負担を軽減しようとする傾向がある。これがいわゆる習慣行動であり、習慣行動を行っている間は脳の負担は少ない[15]。

転勤・海外赴任などで、これまでとは異なる生活を求められると精神的・心理的に負担が大きいと感じるのは、勝手がわからない環境において、技能ベースではなく規則または知識ベースのループを回すことが求められるからである。

3.4.2　取違いや思い込みが発生する仕組み

取違い（内容や意味を誤って理解するヒューマンエラー）や思い込みという人間の限界はなぜ生まれるのだろうか。

これを説明するために、最初に「なぜベテランは作業が早いのか？」という問いに対する答えをSRKモデルを使って考えよう。作業を早くするためには、可能な限り技能ベースのループで済ませる必要がある。つまり、ベテランの作業が早い理由は、本来は認識を行い現在の状況と行うべき作業の関係を接続し、最終的に規則との対応取るという規則ベースのループを、すべて省略しているからである。この省略の様子を図3.11に示す。ベテランは規則ベースのループを繰り返すうちに、その一部を省略し技能ベースのループに置き換えを行っているのである。

本当に経験を積むようになると、何を技能ベースのループで処理してよくて、何を規則ベースまたは知識ベースのループで処理をすべきか、という能力も高まってくる。一方の中途半端な経験者、ベテランは、本当は規則ベースのループで処理しなければならないものを、技能ベースのループで処理してしまう。これが取違いや思い込みの原因である。

みなさんも通勤のときに駅に到着してから定期券がカバンの中にないことに気づいてあわてたことがないだろうか。通勤に慣れるまでしばらくの間は、自宅を出るときの荷物をひとつひとつ確認していたであろう。しかし、忘れ物がないという成功体験が続くと、ひとつひとつ持ち物リストと比較し、確認する

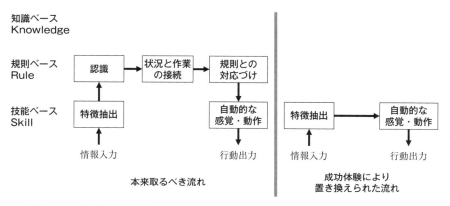

図 3.11 成功体験を重ねるうちに規則ベースのループが置き換えられていく

という規則ベースのループを省略し、流れに任せて自宅を出るという技能ベースのループを採用するようになる。

では、本来知識ベースのループを取るべきものを、規則ベースで処理してしまう例にはどのようなものがあるだろう。これは事故やトラブルの対処などでよく見受けられる。事故が発生し、本当はこれまでに対応したことがないことが真の原因の事故にもかかわらず、これまでに対応したことがないということを認識する知識・経験が不足していることから、規則ベースのループで行動をとってしまうということがある。

本来処理すべきベースのループとは異なるベースで処理した際の取り違いや思い込みは、真に十分な知識と経験を積めば避けられる事象であるとも言えるが、さまざまな事象に対して十分な知識と経験が備わっていることを保証するのは難しい。すなわち錯誤は完全になくすことはできない人間の限界である。

3.4.3 錯誤を減らすための方針

錯誤は人間の本質的な限界から生まれてくるものなので、完全になくすことは難しい。しかし、錯誤を減らすことは不可能ではない。

まず1つめに、ある作業がSRKモデルのどのループで回すべき作業かを作業者自身が定期的に考えることである。これは、作業の前の段取りの1つと考えてもらうとよい。この作業がどのループかを一度落ち着いて考えることで、自分が採用しているループが適切かどうかを評価できる。

また2つめに、一番錯誤が起きやすいのは、ループのレベルを変更したとき

であると知ることである。これまで規則ベースのループで回してきた作業者が、急に技能ベースのループに変更したときに、まだ完全には技能ベースのループに収まりきっていないことから、錯誤が発生するのである。このような変化点においては、特にどのループが適切か見直す必要がある。さらには、ループを変更するときには、1つ下のループで回せるように作業自体や環境に改善を施したうえで変更するのがよい。これによって、1つ下のループで回すことの難しさが低減し、ループの収まりが良くなることが期待できる。

　このような作業や環境の改善については、第7章で「難しい作業を簡単にするための原則」として紹介する。

3.5　記憶の限界・失念の発生

　「失念」とは何かをし忘れてしまうヒューマンエラーのことである。失念は、目標とする作業(行動)との相対的な時間で以下の3つに分類できる。

【3つの失念】

① **作業の主要部分の"直前"の失念**

　主要なイベントに注意・期待が集中し過ぎることによるエラーである。非日常のイベント時に発生しやすい。

　例)海外旅行の際、パスポートを忘れていることに空港で気づく。

② **作業の主要部分の"直後"の失念**

　主要なイベントを達成した満足感に浸ることで発生するエラーである。

　例)買い物で精算が完了して、品物を受け取らず帰ろうとする。

③ **未来記憶の失念**

　将来何かをすることを決めたが、

　(a)決めたこと自体

　(b)いつするか

　(c)何をするか

　のいずれかのレベルで忘れる。

　例)手帳が手元にないときに打ち合わせの約束をし、打合せの存在を忘れる。

「作業の主要部分の①直前、②直後の失念」の仕組みはわかりやすいであろう。人の注意をすべてのモノやコトに満遍なく振り分けることはできない。人は、特定のモノやコトに注意が向くと、それ以外への注意は疎かになってしまう。これは人間の限界を示している。

これに対処する基本的な方針は、「特定のモノやコトに注意が向きすぎない環境または状況」を作ることである。

例えば、人にとって非常に難しいこと、うれしいことには注意が向きやすいので、そのようなコトが発生するときに隣にサポート役の人にいてもらうのがよい。難しいことの難易度が少し低下したり、うれしいことを客観的に捉えたりしてくれる人が隣にいれば、注意が向きすぎるのを予防できる。難しい作業を簡単にする方法については、第7章で詳しく述べる。

「③未来記憶の失念」は、3.1節で示した、人間の認知過程モデルの長期記憶にかかわる限界である。未来のモノ、コトに対してすべて均等に注意を注ぎ、それらをリハーサルする(し続ける)ことはできない相談である。よってリハーサルが足りない未来記憶の一部または全部を失ってしまうのである。これに対処するためには、リハーサルを行う時間をあらかじめ確保しておくことが基本となるが、その時間が十分取れないことも多いであろう。

そこで、いったん自分以外の存在に覚えてもらう「記憶の外部化」が大切になってくる。記憶の外部化については7.3.1項でも述べるが、一番手っ取り早いのは(紙とペンの)メモである。将来何かすることを決めた時点で、その決めた内容の最もコアな部分の情報をメモに書き取っておくのである。このとき、書き取るメモ用紙はいつも同じものであるのが望ましい。なぜならば、同じメモ用紙を使い続けると、後日別のメモを取るタイミングで、あなた自身も忘れていた将来の予定に関するコアな情報に目が行く可能性が高まるからである。実際に筆者も胸ポケットには、コンパクトなリング式のメモ用紙とボールペンを入れている。このように自然とリハーサルが発生するような記憶の外部化は、非常に強力な対処法となる。

3.6　知識・技術の不足

　何か仕事をするにあたって 100% 知識・技術が満ち足りていると自信を持っている人は少ないであろう。しかし日常的に自分の知識や技術が不足しているかどうかを意識している人も多くはないかもしれない。

　なぜならば知識・技術不足を認識させるのを妨げる根本的な問題として、「知識不足、技術不足であることを知る」のが難しいということがある。図 3.12 にこの問題の例を示したが、不足していることは満ち足りている人との比較でしか認知できない。つまり、古い言い回しかもしれないが、知識・技術が充実した"よき師匠"が周囲にいて、その師匠と自分の差を見ることがなければ、自らが不足していることを理解できないという限界がある。

　では適切な師匠に師事することで、知識・技術が不足することを認識できたとしよう。その次に出てくるのが「どこから・どのように知識を得ればよいのか?」という問題である。

　不足している知識・技術を端的に身に付けられる方法を見つけることは容易ではない。もちろんワインをグラスに注ぐように簡単にはいかない。なぜならば、その知識・技術を身に付けたことのある人にしか、どのようにすれば身に付くのかわからないからである。結果として、ここでも"よき師匠"の重要性が増すわけである。

　ここで師匠という表現を用いたため、比べるもしくは教えを乞うのが人でなければならないと勘違いしないでほしい。例えば書籍やインターネットの情報を"師匠"として自分と比較をし、知識・技術不足を認識するのでもよいし、

図 3.12　誰とも比べなければ不満に思うこともない(左)。誰かと比べて初めて自分の不足を感じるようになる(右)

同様に不足する知識・技術を身に付けるヒントを得ることも可能である。

　この論理で言うと、師匠が身に付けたことのない知識・技術を生み出すことは不可能になってしまうが、もちろんそんなことはない。前述の SRK モデルでも説明したように、人には知識を用いてこれまで触れたことがないモノ・コトの挙動を予測することができる。よって、この知識ベースのループを回すことによって、前人未踏の分野にも新たな知識・技術を創出することができるわけであり、これが発明家・科学者の仕事になる。

　人工知能(機械学習)技術の発達により、大量の学習用データをもとに、データが存在する範囲でのさまざまな予測は難しくなくなってきている。しかし知識ベースのループを現在の人工知能が行うことは簡単ではない。それは知識ベースのループで、新たな知識・技術を創出するためには、(すべての領域を網羅的に探索するのではなく)ある特定の道筋で探索範囲を絞りこむ直感と、絞り込んだ領域での試行錯誤(反省)が必要だからである。

　話はそれたが、よき師匠を常に身近に据え、よき師匠自体が新しく必要な知識・技術を(運よく)創出し続けなければ、知識・技術が満ち足りることはない。よって、常にたった一人の師匠に頼ることはリスクが高いとも言える。そこで、よき師匠となる複数の存在を同じ組織の中、本屋、そしてインターネット上で常に探し続けることが知識・技術の不足を発生させないために大切な取り組みである。よき師匠となる本を探すのが苦手という方は、この後の「Column こだわりの読書」を参考に新しい読書の世界に旅立ってほしい。

　「インターネット上の文献は信用ならん！」という人は、各学会が公開している学術誌や学術講演会の動画などを見るのがよいだろう。昔は学会の情報は学会員のみに限られて展開されており、内容もひどく専門的で一般の方には難解なものであった。しかし近年多くの学会が開かれた学術の場となることを目指しており、オープンアクセス(学会員でなくても無料で情報が入手できる)化も進んでいる。専門的な知識をしっかりと保有した学者が、深く理解しているからこそ平易な言葉で語ってくれる世の中になりつつあり、その情報にアクセスしないのはもったいない。

Column　こだわりの読書

　筆者は、本を読むのが好きである。本の虫というほど、大量の本を読んで

るわけではないが、知識を深め、教養を高めるために自分の専門を中心に、さまざまな本を読み漁っている。

　インターネットの普及に伴い、我々は日々 Web ページや SNS などの流れていく膨大な量の文字を読むようになっている。言うまでもないが、我々が読める文字の量よりも新たに Web 上に公開される文字の量のほうが多い。

　このように Web 上に文字があふれる中でもあえて、（電子版も含めて）書籍というメディアを大切にしていきたい。なぜならば、書籍の中の文字は、何かを残すために書かれたものだからである。著者名を明らかにし、それが後世に残されると思うと、それを執筆する者も、一定の緊張感を持って執筆作業を行う。この緊張感こそが、情報の信頼性・網羅性につながると考えている。

　そこで、この書籍を手に取っていただいたみなさんに新たな書籍の楽しみ方を提案してみたい。すなわち、自動車や洋服にお気に入りのブランドがあるように、書籍においてもお気に入りのブランドを作ってみるという楽しみ方である。書籍におけるブランドの具体例としては著者、出版社、シリーズの 3 つがわかりやすいであろう。

　小説などではお気に入りの著者というのが多いかもしれないが、それと同様に参考書、自己啓発本を著者で選ぶのである。また書籍は出版社ごとに、かなり毛色が異なる。すなわち、気に入った書籍の出版社（編集者）の別の書籍であれば、あなたの探求心をさらにくすぐるものである可能性が高い。また、出版社によって、例えば「ゼロからはじめる、図解雑学 XX、しくみ図解」などと、書籍の形式を統一させつつ、異なるテーマで出版している書籍シリーズがある。著者が異なっても、書籍の形式が似ているというだけで、第 7 章で説明する標準化の効果により書籍を読むという作業が簡単になり、知識が円滑に深まることが期待できる。このようにこだわりを持って読書をする習慣を身に付けてはいかがだろうか？

3.7　規則遵守の限界

3.7.1　違反

　規則遵守の限界はヒューマンエラー分析においては“違反”と呼ばれる。初心者の違反と経験者・ベテランの違反は仕組みが異なる。初心者の違反は基本的には知識不足が原因である。守るべきルールを知らない。もしくはそのルー

ルについて、どれほど力を注いで守るべきかを知らないのである。よって適切に知識を持つようになれば、違反はなくなり規則を遵守できるようになる。

一方のベテランの違反の背景には、以下のような要因がある。

【知識不足以外が原因の違反】

① **善意**

ベテランは生産効率を上げたほうが組織としては嬉しいと知っている。ならば規則どおりには行わずに作業を省いて、生産効率を向上させようと考える。

② **いい恰好**

規則どおりに行わないことで、他(特に初心者)との違いを際立たせたいと考える。

③ **安全ボケによる手抜き**

過去に一度も事故が起きてなかったので、規則どおりに行うことの価値を見出せず、規則とは異なった方法を採用する。

④ **面倒な手順の手抜き**

多忙な業務の中、時間がかかる手順は省略したいと単純に考える。

共通するのは、その違反がベテランにとって「局所的には合理的」であることである。違和感があるように聞こえるかもしれないが、違反をしているベテランも違反を指摘され、咎められるまでは、違反をすることが良いことだと真

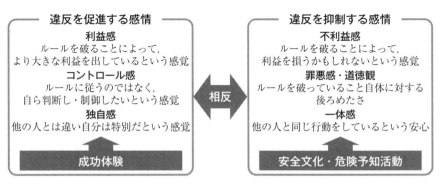

（出典）　小松原明哲：『ヒューマンエラー－第2版－』、丸善出版、2008年を参考に著者作成
図 3.13　違反を促進する感情と抑制する感情は相反している

剣に思っているのである。違反に対しては図 3.13 に示すように促進感情と抑制感情は相反し、バランスが働くので、このバランスに対してどのような要素が影響を及ぼしているのかを理解することが、規則を遵守する・遵守させる限界を理解するためには欠かせない。

3.7.2　違反を防ぐための方針

　一定期間以上、違反した「成功体験」が蓄積すると、作業者にとって違反することは「正しい行為」として固定化してしまう。つまり違反が「正しい行為」として固定化する前に違反を抑制する感情を引き出すことが大切である。

　まず不利益感であるが、ほとんどの違反者が、その違反によって想定される不利益について、しっかりと理解していない。例えば顧客から指摘された手続きを守らないことによって、どれだけ顧客の信用を失い、新たな引き合いを受けるのが難しくなるのか違反者は理解していないことが多い。そこで、過去におきた違反(もしくは違反寸前の行為)と、それによって組織がこうむった被害(もしくは想定被害)を具体的に示すことが大切となる。ほとんどの違反者がその経済的(時には人的)損害の大きさを知った時点で、その違反を続けることが合理的であるとは思えなくなるであろう。

　次に罪悪感・道徳観であるが、人は罪を起こしたくて起こしているのではなく、それが罪であること、または道徳(組織のルール)に反することだと理解しないまま違反をしてしまっているのである。よって、その罪によって困っている人がいることを正しく伝える必要がある。製造業では「次工程はお客様」と言われるが、誰かが罪をおかして困るのは、その本人だけではなく、その行為の結果を受け取る側なのである。よって、その受け取る側の誰が、どのように困っているのかを明示し、議論する機会を設けることが必要となる。この議論において、「悪い素材・部品からは悪い製品・サービスしかできない」という基本を周知し、上流工程が最終的な結果の責任を負っているのだということを知らせることも大切である。

　最後の一体感であるが、皆が同じように取り組んでいる心地よさは、マズローの要求段階説の社会的要求にもつながる。また一般に企業の中である個人を褒め称えることはあっても、ある組織の良し悪しをしっかりと評価し、褒める仕組みが整っていることは少ないように思える。違反者が少なく、一体感があること自体が素晴らしいことであることを表明するためにも、一体感を(定性

的にでも良いので)審査し、表彰する仕組みを導入してはどうだろうか?

3.8　第3章のまとめ

第3章では7種類の人間の限界を紹介した。

① 　人間の短期記憶には容量・制限があるため、何かをそのまま覚えておく
ことは難しい。そこで短期記憶を「繰り返し」「意味づけ」「ものがたり
化」することによって長期記憶化することが大切である。そして時には記
憶を外部化することも必要である。また視覚・聴覚にもそれぞれ範囲・分
解能などの限界がある。知覚した情報を処理するにも時間がかかり、知覚
して行動に移すまでには、秒単位で時間を要する場合もある。

② 　作業者の性別・出身などが異なれば身体寸法も異なり、作業しやすい環
境も変わってくる。動作能力は求められる動きによって限界が異なり、特
に遠くの小さなものを(精密に)扱うときは所要時間が長くなる傾向にある。

③ 　人の注意集中能力は、肉体の状態、作業環境、時刻、作業継続時間によ
って大きく異なり、注意深い行動を求めることがそもそも難しい場合があ
る。人は自尊要求が満たされていないと意欲が低下してしまう。また自己
実現につながることを行うときは非常に高い意欲を持つことが期待できる。

④ 　人は技能・規則・知識の3つの異なるベースのループを使い分けて入力
された情報から行動へと出力している。このベースの選択を誤ると錯誤が
発生してしまうが、ベテランが作業が早いのは本来あるべきベースのルー
プと異なるものを選んでいるからである。

⑤ 　目標とする作業(行動)の前後に失念が発生しやすい。これは注意集中能
力の配分が特定の対象に偏ってしまうためである。

⑥ 　知識・技術が不足していることを認識することがそもそも難しい。不足
を正しく認識するためには、適切な(Web上の存在でも良いので)師匠が
必要であるが、原理原則からいって、知識・技術は基本的に不足するもの
である。

⑦ 　違反は「善意」「いい恰好」「安全ボケ」「面倒」などの要因によって発
生するが、共通するのは違反者にとって違反することが合理的だと思える
環境・状況があることである。よって違反を抑制する感情を適度に引き出
し、その合理性を打ち砕く必要がある。

第4章

改善対象を発見しよう!
(その1:人間の限界を試す悪例との比較)

　第3章では、人間にはどのような限界があるかを説明した。続いて、人間の限界を踏まえて改善対象を発見する方法について説明していこう。

　改善対象を発見する方法として、本書は2つの方法を紹介する。本章では1つめの方法として、人間の限界を試す悪例との比較により改善対象を発見する方法を紹介する。次章では、発展形として自社で起こったトラブルや、他部署・自部署に対する愚痴・不満に対する言い訳から改善対象を発見する方法を紹介する。

　本章で紹介する、人間の限界を試す悪例は以下の9つである。

【9つの悪例】
① 　間違ったフィードバック
② 　間違ったグループ化
③ 　身体・動作能力の過剰な要求
④ 　不適切な環境
⑤ 　間違った手がかり
⑥ 　慣習への不適合
⑦ 　一貫性の不足
⑧ 　記憶力・忍耐力への挑戦
⑨ 　報酬も罰もない活動

　これらのカテゴリ分けは、『失敗から学ぶユーザインタフェース—世界はBADUI(バッド・ユーアイ)であふれている—』(中村聡史著、技術評論社、2015年)[16]を参考に設定した。中村氏は、使い勝手のわるい設備・機械のユーザインタフェースのことを、BADUI(バッド・ユーアイ)と呼び、それらがなぜ使いづらいのかを解説している。たくさんの写真付きの具体例とともに説明

があるので、悪い冗談集として読んでみるのもおもしろい。本書はBADUIそのものを説明するのが目的ではない。むしろ第3章で示した人間工学から見た人間の限界が、いかに世の中で実際に試されてしまっているかを紹介することに注力したい。それでは、各項目ごとにどのような悪例があるかを述べていこう。

4.1　間違ったフィードバック

　人間の視覚・聴覚に限界があることを第3章で述べた。視覚・聴覚に対する表示器はPCをはじめとして、さまざまな機械の状態を伝えるために大量に用いられている。しかし、ごく一般的に用いられているからこそ、配慮に欠けた（間違った）フィードバックとして用いられていることも多い。それでは具体的な例を示していこう。

4.1.1　視覚の限界を試すフィードバック

　とある工場を見学で訪問したときのこと、工場長が「生産性が向上しない」とボヤいていた。ある特定の加工機械（A）がエラーで停止しているにもかかわらず、作業者が気づかないため何十分、ときには1時間以上も停止したままでいるというのである。

　では、なぜ作業者は機械が停止していることに気づかないのか？　図4.1の工場配置図を見て、読者のみなさんに推理してもらおう。

　加工機械（A）での加工時間はかなり長いため、作業者は加工中には離れた作

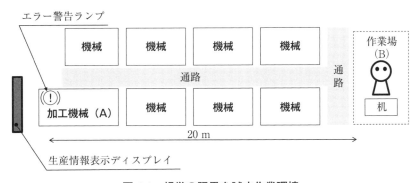

図4.1　視覚の限界を試す作業環境

業場(B)で別の作業をしている。みなさんも、いくつかの不具合に、すぐに気づいたであろう。

　まず作業場(B)から工作機械(A)までの距離が20 mと非常に遠い。もちろん警告ランプが光っているのを知っていれば、ランプが見えない距離ではない。しかし、20 m先の、しかも常に光るとは限らないランプをじっと見ているのは、いかにも退屈である。

　さらに悪いことに、この機械の警告ランプの後ろには、生産情報を表示するディスプレイが天井から吊り下げられている。生産情報を表示するディスプレイは、一定時間ごとに変化する。よって通常、何も表示しない加工機械(A)の警告ランプに比べると、十分に変化に富んだ表示器である。

　よって、警告ランプが点灯している場合には作業者はまず、後ろのディスプレイの情報を確認してそのディスプレイの情報が更新されているわけではないことを認識し、そして警告ランプが点灯していることを認識する必要がある。

　そして、これが最悪だが、作業者が机に向かって作業をしていると、加工機械(A)の警告ランプはほぼ真横に位置していることになる。つまり、作業者は首を横に向けなければ、この警告ランプを見ることはできない。

　この作業者も、最初にこの業務の担当になった頃は、一定の時間間隔で首を横に振り、20 m先の加工機械の警告ランプを確認していたであろう。しかし、いくら不具合の多い機械といっても、そこまで高い頻度で停止するわけではない。よって作業者にとって、首を横に振ってまで警告ランプを確認することの意義が失われていったのである。そして確認しなくても、しばらくは機械が動き続けているという成功体験が続くと、警告ランプを確認するという作業を怠ることが作業者にとって"合理的"なものになってしまったのである。

　これが遠くのものを見る視力の限界、視覚情報から目的の変化を抽出する限界、そして視野の限界の3つの視覚の限界を試すフィードバックであることがおわかりいただけたであろう。よって、この例の場合にはエラー警告ランプの複製を作業場(B)の机の手元に設置するのが有効である。これによって、作業者は遠くを見る必要がないし、目的の変化を抽出する必要もないし、首を横に振る必要もなくなるのである。

　最近では、IoT(Internet of Thnigs)化の流行により、エラー警告ランプの情報を読み取って遠方にデータ転送してくれるデバイスも販売されている。もし警告ランプが機械のあちこちにあり、警告ランプの複製を作るのが難しい場合

には、このようなデバイスの利用も検討するのがよいだろう。

4.1.2　聴覚の限界を試すフィードバック

　さて、これもまた別の工場での話のこと、ある装置に不具合があると大きな
アラームが鳴るようになっていて、このアラームを聞いた作業者が装置を復旧
させるというルールになっていたという。しかし、あるとき装置に不具合があ
るにもかかわらず、アラームは鳴らず（正確には聞こえず）に1時間近く装置が
停止した状態で放置されたというのである。では、なぜアラームが聞こえなか
ったのであろうか？

　実はこの装置、不具合が起きたとき以外にも、一定生産量ごとに大きな音が
鳴るように設定してあった。そしてこの大きな音が鳴るたびに作業者は手を止
めて、エラーかどうかを確認しに行っていた。

　装置を設計した生産技術者は、「不具合の多い初期には一定時間ごとに装置
の健全性を確認してほしい」と考えていたが、現場の作業者からすると、大し
た用事でもないのに呼び出されるということが続いて、完全にそのアラームへ
の信頼をなくしてしまった。

　そこで作業者は、アラーム用のスピーカを塞ぎ、大きな音が聞こえないよう
にしてしまったのである。この物語はまさに「オオカミ少年」の話そのもので
あるが、現場で作業する作業者にとって、装置のスピーカを塞ぎ、通常作業が
邪魔されないような環境を作ることは、“合理的”な行動だったわけである。

　聴覚に働きかけるアラームは、人が聞きたくないと思っても聞こえてしまう
ものである。よって、よほど上手に使わないと、常に作業を邪魔する悪者にな
ってしまい、重要な情報を伝える媒体としての信頼が失われ、粗雑な扱いを受
けてしまう。よって、この例の場合には、一定生産量ごとに大きな音がなるの
をやめて、本当に作業者の注意が必要な重大な不具合があるときのみ、作業者
にとって必要以上に不快とはならない程度の大きさのアラームを鳴らすのが適
切であろう。

　世の中には大した用件でもないのに、人の注意を引こうとするものが多すぎ
る。みなさんは、スマートフォンのアプリの通知をどれくらい受け取ってい
る、もしくは読めているだろうか？筆者はアプリをインストールするたびに、
この通知をほとんどすべてオフにしている。情報は発信する側だけではなく、
受信する側の都合も考えてその提示方法・形式を選ばなければならない。受信

側が受け取りを拒否した時点で、その情報には何らの価値はないのである。受信者に拒否されない、心地よい情報の提示の仕方をぜひ模索してほしい。

4.1.3 不適切なフィードバック

　ある Web サイトのユーザ登録をしていたときのこと、パスワードを入力したところ以下のようなエラーメッセージが出力された。※実際には英語で表示されたのだが。

> **入力されたパスワードは適切ではありません。正しく入力し直してください。**

　さて通常、ユーザ登録のフェーズでは、パスワード入力ミスを防ぐために、同じパスワードを 2 回入力するようになっているが、それを間違えたのかと思い、今度は丁寧にミスがないようにゆっくりと入力した。しかし、やはり

> **入力されたパスワードは適切ではありません。正しく入力し直してください。**

と表示された。

　どうしたものかと悩んでいて、登録ページの下のほうを見ると、「パスワードは最低、英字、数字、記号の 3 つが組み合わされている必要があります」と書いてある。なるほど、筆者が入力したパスワードは記号が含まれていないので、Web ページからすると、"適切ではないパスワード"であったのである。

　しかし、エラーメッセージに「英字、数字、記号の 3 つを組み合わせてください」と書いてくれれば、筆者も混乱しなかったはずで、ユーザ登録を諦める寸前であった。その会社は顧客を 1 名失うかもしれない状況だったのである。

　不適切なフィードバックの 2 つめの例は、イベント参加申し込みシステムである。このシステムは図 4.2(左)のような画面であり、「申し込む」ボタンを押すと登録が完了するというものである。しかし、なぜかこのシステムで申し込んだはずなのに、登録されていないというクレームが多数寄せられたというのである。では、このシステムのどこに不具合があったのだろうか。ヒントは、このシステムで「申し込む」ボタンを押すと、図 4.2(右)のような画面に切り

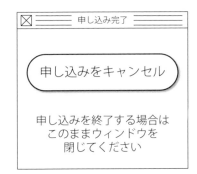

図 4.2 不適切なフィードバックの申し込み画面

替わるのである。

さて、答えは図 4.2（左）の画面で申し込むボタンを押してから、右の画面に切り替わるまで、5 秒ほどの遅れがあり、その結果申込者は、手続きが完了していないものと勘違いして、もう一度同じボタンの位置をクリックしてしまったのである。5 秒後には、左の画面になるので申し込みが完了したと安心するが、実はこれは 1 回目のクリックに反応したからであり、ユーザの"余計な"2 回目のクリックはまだシステムの中で有効であり、結果として申し込みがキャンセルされて再び左側の画面に戻るのであった。

ユーザがずっと画面を眺めていれば、この不良・不具合に気づいたかもしれないが、右側の画面を見て安心したユーザは、そのままウィンドウを閉じてしまったのである。

この悪例が示していることは、ユーザが何か行動したことに対して、一定時間内にフィードバックをしなければならないということである。遅すぎるフィードバックは、望まないユーザの反応を誘発する可能性がある。

この悪例を修正する方法を考えてみよう。例えばボタンを押した直後に、マウスのカーソルの見た目が処理中であることを示すアイコン（タイマーや砂時計のアイコンなどが適切）が表示されれば、ユーザは少なくとも、自分のマウスクリックがシステムに正しく認識されていることには気づけ、余計な 2 回目のクリックを避けたであろう。

このシステムの悲惨なところは、申し込み完了画面において、「申し込みをキャンセル」ボタンが、申し込み画面における「申し込む」ボタンとまったく同じ位置にあったことである。「こんなバカな例があるか！？」と思われる方

は、自社オリジナルのシステムを見返してほしい。遅すぎるフィードバックによる人の誤りまで予測してボタンの配置を考えているシステムは多くはないはずである。人に優しい UI を実現するためには、「許諾」ボタンと「拒否」ボタンはあえて画面上の明確に異なる位置に表示しなければならない。さらに欲を言えば、ユーザにとって不都合となる行為はその実行が難しくなっていないとならない。例えば、パソコンでファイルを削除するときには、削除を選ぶとわざわざダイアログが提示され、「はい」ボタンを押さないとできないようになっている。「キャンセル」を本当に受け付けるかのダイアログが表示されていれば、意図しないキャンセルを(少しは)防げたであろう。

　不適切なフィードバックの最後の例は、とある通信販売サイトでのできごとである。複数のユーザから、注文した商品の一部が届いていないとのクレーム

To: Daresore@daresore.co.jp
From: Order@ABCShopping.co.jp
件名：注文完了のご連絡

Daresore様

以下の通り、ご注文を承りました。

1.　ロールスクリーン(100 cm×200 cm)：1個
2.　柔らかクッション（大）：2個
3.　本棚（幅90cm，高さ150cm，奥行き30cm）：1個*

お届け予定日：2019年1月25日(金)
お届け先：東京都港区×××，Y-YY-Y, 301号室
連絡先（電話番号）：03-1234-5678

〜　中略　〜（会員登録に関する情報）

*：別送品のため別途，お届け予定日をご連絡致します。

〜　以下略　〜（次回セールに関する広告）

★☆★☆★☆★☆★☆★
ABCショッピング，インターネット通販部門
東京都豊島区ＺＺＺ，A-B-C
カスタマーサポート専用電話番号：03-3456-7890
★☆★☆★☆★☆★☆★

図 4.3　顧客が受け取った注文完了メール

が寄せられたのである。ユーザサポート担当が調べたところ、顧客に届いていない商品は、メーカの倉庫から直接ユーザに配送される別送品であり、ユーザにも、その旨を伝えてあるというのである。

　では、なぜこのようなことが起きてしまったのだろうか？　答えは顧客に送付された、注文完了メール（図 4.3）の書式にある。読者のみなさんは、おそらく気づいたであろう。注文完了のメールには確かに、「*」マークを使って別送品である旨が書いてある。しかし、そのマークは他の記述に比べて目立たない書式で書かれていたのである。

　このような弱すぎるフィードバックは、顧客が注意深くメールを読む人だったときに役に立つ情報になるが、そうでない場合には伝達能力が低い情報にな

```
To: Daresore@daresore.co.jp
From: Order@ABCShopping.co.jp
件名：注文完了のご連絡

Daresore様

以下の通り，ご注文を承りました。
★別送品があります

【直送品】
1.　ロールスクリーン(100 cm×200 cm)：1個
2.　柔らかクッション（大）：2個

お届け予定日：2019年1月25日(金)
お届け先：東京都港区ＸＸＸ，Y-YY-Y, 301号室
連絡先（電話番号）：03-1234-5678

★【別送品】★★★
1.　本棚（幅90cm，高さ150cm，奥行き30cm）：1個*
*：別送品のため別途，お届け予定日をご連絡致します。

（会員登録に関する情報）
（次回セールに関する広告）
〜　以下略　〜
ーーーーーーーーーー
ABCショッピング，インターネット通販部門
東京都豊島区ＺＺＺ，A-B-C
カスタマーサポート専用電話番号：03-3456-7890
```

図 4.4　顧客に優しい注文完了メール

る。このケースでは、別送品のメールを受け取った顧客が、後日別送品であることに気づく可能性もあるが、"一度注文が完了した"と満足した顧客は、別途時間を空けて送られてくるメールの重要性を認識していないため、見逃すことにつながったのである。このメールを顧客に優しいように修正したのが図4.4である。

さて以上の悪例からわかることは、「フィードバックは必要な情報を、適切なタイミングで、十分な強度で与えなければならない」ということである。何が必要で、何が適切で、そして何が十分な強度かを、統一的に議論することは簡単ではない。よって、仮想演習もしくは実験を行って、フィードバックの適切さを評価することが大切である。

4.2 間違ったグループ化

さて、まずは図 4.5 を見ていただこう。これはとあるデパートに掲示されていた案内板である。さて、あなたはトイレに行きたいとする。目標のトイレはどちらにあるかわかるだろうか？　答えは「左」である。よく見ると、右の列には矢印が 2 つあるので、右の（縦の）列の 3 個がひと固まりになる可能性は低

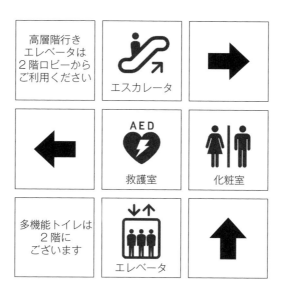

図 4.5　人の洞察力を試す案内板

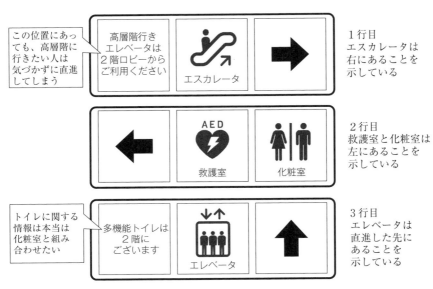

この位置にあっても、高層階に行きたい人は気づかずに直進してしまう

高層階行きエレベータは2階ロビーからご利用ください

エスカレータ

1行目
エスカレータは右にあることを示している

AED

救護室

化粧室

2行目
救護室と化粧室は左にあることを示している

トイレに関する情報は本当は化粧室と組み合わせたい

多機能トイレは2階にございます

エレベータ

3行目
エレベータは直進した先にあることを示している

図 4.6　人の洞察力を試す案内板の正しい見方と問題点

く、結果として、図 4.6 のように、それぞれの（横の）行が組み合わせになっていることになる。

　余談であるが、縦と横の、どちらが行でどちらが列かがわからなくなることはないだろうか。縦の並びが列で、横の並びが行である。これも正直なところ、人間の限界を試した悪例と言えるのではないだろうか。

　しかし、なぜこの案内板はこれほどにわかりにくいものになってしまったのだろうか。これは人間が「ひとまとまりのものだと感じる 4 つの法則」（図 4.7）をうまく使えていないからである。4 つの法則とは以下のとおりである。

【ひとまとまりのものだと感じる 4 つの法則】

① 近接の法則：近くにあるもの同士を同じグループだと認識する。

② 類同の法則：同じ形、同じ色を同じグループだと認識する。

③ 連続の法則：特定の幾何パターンの上にあるものは同じグループだと認識する。

④ 閉合の法則：枠で囲われいるものは同じグループだと認識する。

　図 4.5 の案内板は各々の要素が縦も横も同じ距離にあるため、近接の法則に

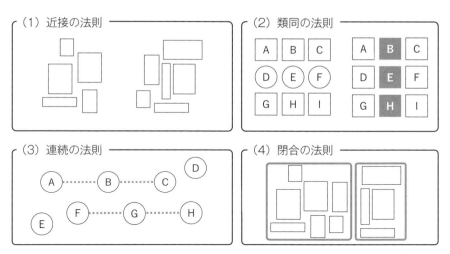

（出典）　中村聡史：『失敗から学ぶユーザインタフェース』、技術評論社、2015 年[16]を参考
　　　　に著者作成

図 4.7　グループ化の法則

反していることになる。

　これ以外にも、ベン図、樹形図、円環図など、配置から自然と生まれる意味
があるため、それを上手に使うことで図自体に意味を語らせることが可能にな
る。一方で、意図せずこれらの配置にしてしまうと、先ほどの案内板のように
受け取り手に、洞察力を求めることになり、ときにはいかに洞察力があっても
正しく認識できない、人間の限界を試す BADUI（使いづらい、わかりにくい
ユーザインタフェース）になってしまう。

　先ほどの悪例を改善し、人に優しい案内板に変えてみよう。図 4.8 にまずは
全体の構成を大きく変更せずに改善した例を示す。この例では閉合の法則を用
いてグループを明確にしている。もともとの 3×3 のレイアウト（グリッドシス
テムなどと呼ばれる）は崩れてしまっているが、何と何が同じグループなのか
が明確になっている。

　これに対して図 4.9 に全体構成まで変更し改善した例を示す。この改善では
次のような複数の工夫を施している。(1)同じグループに属するものを 1 つの
背景色の上においている。図 4.8 のように枠線で囲ってもよい。(2)最上段に
方向を示す矢印を統一して表示している。(3)左にあるモノは左に配置し、右
にあるものは右に配置し、案内板が示す方向と実際の空間の方向とが対応する

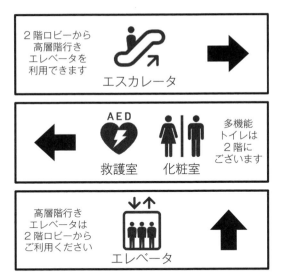

図 4.8　人にやさしい**案内板**（全体構成は元の掲示板を活かしたまま）

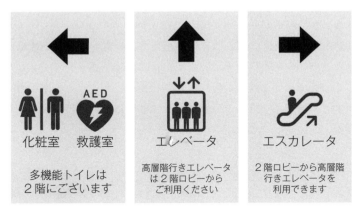

図 4.9　人にやさしい**案内板**（全体構成も変更）

ようにしている。(4)2 段目に統一的にアイコンを並べ、3 段目に補足の文言を
置いている。このような工夫をすることで、少なくともユーザの洞察力を試す
ような案内板にはならないはずである。

4.3 身体・動作能力の過剰な要求

4.3.1 びしょ濡れになる水飲み場

　世の中には身体・動作能力の過剰な要求をしているために、とても使い勝手が悪かったり、事故が起きたりしている例がある。

　最初の例は、ある公園の手洗い場(図4.10)である。この手洗い場、この公園を始めて利用する人(特に子供)は、十中八九びしょ濡れになるのだが、その理由がわかるであろうか?

　答えは、まずこの水道は水圧が非常に高く水の勢いが強い(流速が大きい)ため、水が出た瞬間に利用者の手に当たり周囲にまき散らされるのである。この大きな流速の水を避けるのは並大抵の身体能力では難しい。そして、もう1つの致命的な要因は、水道の蛇口の押しボタンが非常に硬く、水を出すためには全身を使って強くボタンを押す必要があることである。そのため利用者は水道の近くに体を寄せて力を入れる必要があり、結局大きな流速の水を身体に浴びてしまうのである。

　よってこの蛇口を人に優しい蛇口に改善するためには、水の勢いを下げ、押しボタンを適度に柔らかくすることである。みなさんにもよく切れる包丁よりも、切れない包丁のほうが不要な力を必要としてけがをしてしまうなどの経験があるのではないだろうか?　過度に力を必要とすることで、装置全体として使いにくい(ときには危険な)ものになってしまうことはよくあることである。

4.3.2 使いづらい梯子

　もう1つの例は、ある工場のメンテナンス用梯子(はしご)におけるBADUI

図4.10　人の身体・動作能力の限界を試す蛇口

（使いづらい、わかりにくいユーザインタフェース）である。その工場では、定期的に機械装置の下部の地下室に入り、装置の状態を点検する必要があった。しかし、あるとき作業者が梯子を滑り落ち打撲をしたというのである。幸いにして、落下した距離は 1 m ほどであったため、大事に至らなかったが、原因を分析すると、この梯子が人間の限界を試す悪例であることがわかってきた。

　図 4.11 が、この梯子の寸法である。読者のみなさんは何か気づいたであろうか？　そう、この梯子まず幅がとても狭く、そしてステップの部分（踏桟）がきわめて細いのである。幅が狭いと、手足の運びを慎重に行わなければならず、手足の動きのミスを誘いやすいことは、みなさんも直感的にご理解いただけるであろう。

　一方、「ステップが多少、細くても人の体重を支える強度があれば問題ないのでは？」と思った方もおられるかもしれない。

　しかし、ステップの部分の太さによって人の手足が支えられる力が変わってくるのである。その理由は大きく分けて 3 つある。

　1 つめは、純粋に細すぎるものに大きな力を加えるのが難しいということ。Cally S. Edgren らの研究では、図 4.12 に示すように、人が加えられる握力はモノの太さによって変わってくることがわかっている[17]。よって、作業者が自分の体重を支えて姿勢を変更して作業するのに十分な握力が発揮できる太さが必要だと言える。

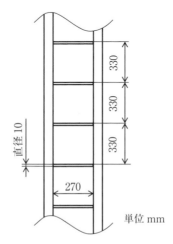

図 4.11　人の身体能力の限界を試す梯子

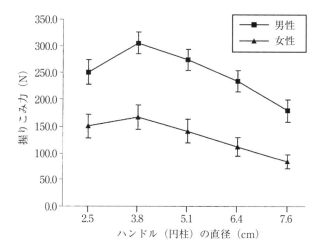

（出典）　Cally S. Edgren, Robert G. Radwin, and Curtis B. Irwin：
"Grip force vectors for varying handle diameters and hand
sizes", *Human Factors*, Vol. 46, No. 2, pp. 244-251, 2004.[17]
図 4.12　丸棒の太さによって、人が発揮できる力が異なる

　2つめは、ステップが細いと手のひらとステップの接触面積が小さくなり、
結果として手のひらに加わる単位面積当たりの力、すなわち圧力は大きくな
る。圧力が高くなればなるほど、人は手の表面に負荷を感じ、要は痛いと感じ
るのである。手のひらの痛みに耐えて作業をするとは、いかにも人の限界を試
していることがわかるであろう。

　3つめは、細すぎる梯子は靴底との十分な摩擦が確保できない可能性がある
ということである。物体の形状と発生する摩擦力の関係はきわめて複雑である
ため、ここではあくまで定性的な話に留めるが、靴底とステップの間に十分な
接触面積がなければ体重を支えるのに必要な摩擦を確保できず、結果として足
が滑りやすい状態になるのである。

　よって、この梯子を人に優しい梯子にするためには、ステップ部分の太さを
3.8 cm 程度には太くする必要がある。一方、市販のアルミ合金製脚立の場
合、もう少しステップは太いように思う。これはステップを握るときよりも、
踏むときの摩擦力を重視した設計であると思われる。

　このように梯子のステップの太さが細いというだけで、これだけ人の限界を
試してしまうのである。逆にいえば、あなたの職場の周りのほとんどのモノ

が、何かしらの点であなたの限界を試しているのである。腰が痛い、よくつまづく、目が疲れやすい、そんな初期症状を見逃さないことが、人の限界を試す悪しき作業環境を発見する、1つの方法だと言えるだろう。

4.4　不適切な作業環境・状況

　みなさんは不適切な作業環境として、どのようなものを思い浮かべるだろうか？まずは筆者がぱっと思いつくものを、書き出してみた。

【不適切な作業環境】

① **明るすぎる・暗すぎる**

　作業環境に求める明るさは人によって異なる。明るいほうが気分が高揚して作業しやすいという人もいれば、暗いほうが集中できるという人もいる。また照明やディスプレイの明るさにも好みがあり、長時間画面を凝視するプログラマーの中には、黒色を基調とした暗めの画面の配色を好む人も多い。

② **暖かすぎる・寒すぎる**

　日本では気候のよい春や秋には問題になりにくいが、エアコンを用いる夏、冬には大きな問題になる。冷房・暖房が効きすぎている、効かないという問題である。前述したように温かい部屋は眠気を誘うことになるし、寒すぎる部屋は過度に体力を奪ってしまう。

③ **湿度が高すぎる・乾燥しすぎる**

　温度と比較すると問題にされにくいが、湿度が高くなることで体調不良を感じたり、また乾燥しすぎて肌が痛んだり、かゆみを感じたりして作業に集中できないということもある。

④ **雑音が多い・静かすぎる**

　人のしゃべり声が聞こえると考え事に集中できないであろうし、常に大きな騒音にさらされると、それだけで疲労を感じる。また一方で静かすぎると他の小さな音（例えばエアコンの風の音やキーボードを叩く音）に注意が向くようになり、逆に作業に集中できないということもある。

　先に【不適切な作業環境】としてあげた例は、作業環境の話題として頻繁に

議論の的になるため、みなさんも思いつくであろう。ここでは、これに加えて筆者が経験した、少し変わった作業環境の悪例を紹介しておきたい。

4.4.1 不適切な作業環境の珍しい例(1)

　ある貸会議室でのできごとである。その貸会議室を特定の時間帯に利用した顧客から「会議に集中できない」とのクレームが頻出していた。その貸会議室のビルは図4.13に示すような立地であった。

　みなさん、答えはわかったであろうか。そう、クレームが頻出していたのは、ちょうどお昼前後の時間帯であり、隣にある定食屋の排気が路地から貸会議室の方に流れ込んでいたのである。お腹が減っているときに、おいしい料理の匂いを嗅ぐと食欲が湧いてきて、会議に集中できないというのも1つの要因かもしれない。

　また、その定食屋はランチタイムの揚げ物中心の定食が評判の店であり、換気扇から大量の油が混じった空気が会議室のほうに流れ込んでいたのである。油交じりの空気は(好きな人もいるかもしれないが)苦手な人にとっては悪臭そのものである。悪臭がする会議室は、集中して会議に臨むには不適切な環境であろう。

　匂いは視覚や聴覚と比べると、まだまだ仕組みが解明されていない感覚である[8]。どのような匂いを心地よいと感じるか、または不快と感じるかは、簡単には説明できない奥深い問題である。ある人にとっては気にならない、つまり不適切ではない環境であっても、ある人にとっては、その人の限界を試す不適切な環境になっているかもしれないと、考えを巡らせる必要がある。特に煙草を吸う人と吸わない人では、匂いの感じ方が異なる。やはり双方に配慮する必要があるであろう。

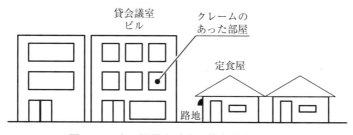

図4.13　人の限界を試す？貸会議室の立地

　よって、この会議室の例の場合には、換気扇にフィルタを取り付ける、空気清浄器を導入して匂い分子を除去するなどの対処が必要である。

4.4.2　不適切な作業環境の珍しい例（2）

　2 つめの例は、ある工場での話である。作業者が足を滑らせて転んで腰を強く打つ事故が発生した。その工場は金属を加工する工場であり、加工する際には大量の油を使う。この油が床にこぼれており、転んでしまったというのである。油で転びやすいということは、以前から認識しており、半年前までは樹脂製のすのこを引いて、油と靴ができるだけ接触しないように工夫していたというのである。

　では、なぜすのこを外してしまったのだろうか。答えはまたしても「匂い」である。すのこの下に溜まった油が夏になり気温が上がってくると異臭を放つ。この異臭が作業者に不評となり、すのこを外してしまったのである。もちろん、すのこを外すと決めた際に何も対策を取らなかったわけではない。作業長は油が床にあるのだからと、専用の耐油底を有する安全靴を作業者に支給した。

　しかし、ここに 1 つの勘違いがある。耐油底とは、油に接触しても浸食されにくい靴底という意味で、必ずしも油と接触して滑りにくいことを保証しているわけではない。作業者たちも、耐油底の安全靴を履いているのだから、多少滑る気がするが仕方がない、と諦めてしまったため、滑りやすい作業環境がそのまま放置されることになったのである。

　このように、滑りやすさ、匂い、そして耐油という紛らわしい言葉という人の限界を試す 3 つの要因が重なった悪例である。この例を改善するには、暫定的には耐油底でかつ滑り止めのついた靴を作業者に履いてもらうのがよい。しかし、大量の油が床にこぼれている状態自体が人に優しいとは言い難い。加工する際には大量に油が必要な場合も多いであろうが、それがなぜ床にこぼれてしまうのかの分析がとても大切である。例えば、加工した金属に付着した油を効率よく吹き飛ばすエアブロー機器の利用や、油が大量についたワークを、油が落ちやすい姿勢で一定時間保持しておく台（治具）などの利用も有効である。また究極的には、オイルミストを利用するなどして、油の利用量を少しでも減らす工夫も重要であろう。

4.4.3　不適切な作業状況の例

　さて作業環境の次は、作業状況の不適切な例を示していこう。これはある商社でのできごとである。顧客に提出した見積書の価格が一桁間違っており、とんでもない安価な価格で商品を提供することを顧客に約束してしまったのである。

　慌てて顧客にお詫びの連絡を入れ、幸いにして理解のある顧客であったため、見積書の訂正という形でことなきを得たが、最悪多額の損失を発生させかねないヒヤリハット（大きな事故につながるような、小さなトラブル）であった。

　さて、ではなぜ見積書の金額を一桁間違えるという、とんでもないミスをしてしまったのかを紐解いていこう。この見積書を発行したのは、ある金曜日の夕方16：50である。すでに勘の鋭い読者の方は気づいたであろう。顧客から同日の16：30頃に見積もり依頼のメールがあり、営業担当者は顧客の「至急見積がほしい」というリクエストに応えるべく作業を開始した。その商社では金曜日は定時（17：00）に帰宅しなければならない日であり、営業担当者は30分以内に作業を完了すべく大急ぎで作業を行った。

　さらに状況がよくなかったのが、その日は終業後、課内の忘年会が予定されており、課長、係長など見積書を発行する決裁権を持つ人たちも、定時までに仕事を完了すべく、業務に追われていた。その結果、営業担当者が一桁数字を間違えるという、とても大きな間違いに気づくことができなかったのである。

　このできごとは、3.5節で説明した、"作業の主要部分（忘年会）の直前の失念"ともかかわっている。忘年会当日の定時直前でのあわてた作業という状況は、ミスをするのに十分な要因が詰まっており、人間の限界を試す不適切な作業状況である。

　この例に示したような状況を根本的になくすことは難しい。なぜならば、慌てる要因を含んだ時間帯というのは必ず存在するからである。そこで、対処方針としてはある特定の時間帯に、ミスをする要因が詰まっていることを組織内で共有することが必要である。この商社も、このミスが発生してからしばらくは、このような"危険な時間帯"の作業は相当に慎重に行ったに違いない。作業者があらかじめミスが発生しやすいと知っており、それが組織内で共有されていれば、そうされていない環境での作業よりも遙かに人に優しい作業となるのである。

4.5　間違った手がかり

　さて、人が触れる機械装置は、説明を受けなくても（それなりに）使えるように、機械自体がその使い方の手がかりを提供するように工夫されている。第 7 章で、その手がかりに関してアフォーダンスという概念を示すが、ここでは、その手がかりに関する悪例を示そう。

4.5.1　誤解させる手がかり

　あるビルのオーナーが、「入口のドアがしょっちゅう壊れる」とぼやいていた。その入り口のドアは図 4.14 のような構造となっているのだが、なぜ破損が多いかわかるだろうか。答えは、このドアは押すと開く構造であるにもかかわらず、利用者が取っ手を引っ張って、引こうとしてしまうのである。利用者が引き戸だと勘違いする理由は、ドアのハンドルの構造にある。指を引っかけ

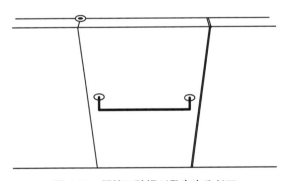

図 4.14　頻繁に破損が発生するドア

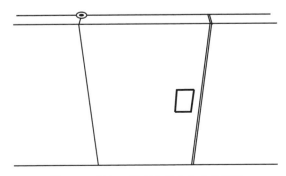

図 4.15　正しい手がかりを有するドア

る隙間があるバーであり、いかにも「ドアを引いてください」という手がかりを利用者に与えているのである。

　ドアが壊れているうちは修理すれば済む話かもしれないが、バーが破損し利用者にケガが出てしまいかねない、人間の認識の限界を試す悪例である。この悪例を改善する方法は例えば図 4.15 のようにドアを"押す"手がかりとなるパーツに変更することである。ドアに貼り付けられた平らな(金属)板を人は掴むことはできないため、このドアを引っ張ろうとする人はいなくなるはずである。

4.5.2　弱すぎる手がかり

　あるお洒落な家具が好きな友人宅を訪問したときに起きたトラブルである。夕方になり、部屋が暗くなったので図 4.16 に示すような照明器具を点灯しようとしたが、点灯の仕方がわからずに困ってしまった。みなさんは、この照明器具のスイッチがどこにあるかわかったであろうか？

　答えは「矢印の黒線の部分がタッチセンサになっていて、そこに触れると点灯する」である。「スイッチが見つからない」現象は、デザイナーが家具のスタイルにこだわるあまり、家具の見た目を損なうスイッチを隠そうとしたために起きた。スイッチらしさがなくなり、手がかりが弱すぎるとこのようなトラブルが発生してしまう。

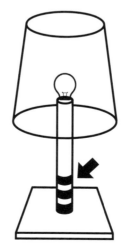

図 4.16　点灯の仕方がわからない照明器具

　これに類する経験をみなさんも海外旅行でホテルに宿泊したときにしているのではないだろうか。シャワーを浴びようとするとき、どのようにお湯を出すのか、温度を調整するのか、そしてどうしたらバスタブにお湯を溜められるのか、よくわからないことが多い。

　これは、シャワーヘッドやノブなどの構造が日本でよく使われているものとは異なるという問題に端を発し、それらに含まれている幾何的特徴が少ないことから、どのように使うべきなのかの手がかりが少ないことに起因する。特に海外のシャワー設備では、湯の流れのON/OFF、湯量そして温度がそれぞれ独立には調整できない、つまり何かを望みの状態にすると、他の何かが望みの状態でなくなってしまうことも多く、問題をより複雑にしている。

　この照明器具の例の場合には、明確にスイッチだとわかる形をした機械スイッチを照明器具の土台のプレートに搭載するのが一番簡便な改善方法であろう。一方でどうしてもスタイルを壊したくないというのであれば、スイッチとなる部分に図4.17に示すような電源アイコンをLEDで点灯表示するのも有効である。

　「どの部分が何に対応しているかの手がかりが弱い」という悪例は、近年UI/UX（ユーザインタフェース／ユーザエクスペリエンス）設計の重要さが認識されるようになってからは減ってきているような印象がある。特にスマートフォン用のアプリケーションソフトウェアなどは、直感的に使えることが重要視されるようになってきており、ポップアップメッセージなどを多用して初めてそのアプリを使うユーザに、使い方の手がかりを与えるようにしているのが印象的である。

　それに比べると、手がかりを付与しにくい機械・設備などのハードウェアに関しては、まだまだ改善の余地があるといえよう。

図4.17　スタイルを崩さずにスイッチの場所を表す手がかり

4.6 慣習への不適合

我々の生活の中で慣習として形や色などが決まっているものがある。これに反すると、とたんに人の限界を試す悪例になってしまう。

4.6.1 慣習に不適合な図形

ある古いパーキングエリアのトイレで、女性が男性用トイレに間違って入ろうとしてしまうというトラブルが相次いでいた。

そのトイレには図4.18(左)に示すような表示がされていた。トラブルが相次いだ理由は明確であろう。この図が女性のスカートを連想させるからである。ちなみに女性用のトイレは図4.18(中央)に示すように、同じ形状のマークで白地に赤色の図形が描かれていたとのことである。男性用トイレとして形、色ともに日本の慣習に沿っているのは、図4.18(右)に示す図形であろう。もしモノトーンでの表記にこだわった場合にでも、図4.18(右)のように三角形をひっくり返しておけば、多少間違いは減ったかもしれない。これは女性がスカートを履いている場合が多いという慣習から成立する手がかりであり、もしこの慣習が薄れると、このマークの修正の必要が出てくる。

これ以外にも慣習により、形、記号、文字の組み合わせが特定のものを表すケースは図4.19に示すように、地図記号のようにトップダウンに規格が決まっているものもあれば、ネットで使われる顔文字のようにユーザからボトムアップに使われるようになったものまでさまざまである。

もちろん、これらは現物を概念的に抽象化しているので、一部のものは直感的に理解できるかもしれないが、それでも、そのような慣習(ときにルール)があることを知るようになるまでは、完全に意味を理解することは難しい。逆に

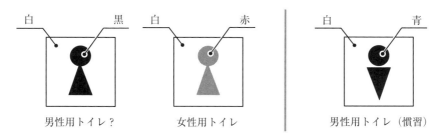

図4.18 慣習に不適合なトイレの案内

地図記号　　　　　　　　通貨記号　　　　　　　顔文字

図 4.19　慣習で形状が決まっているマーク

慣習的に使われている形・記号に対して、まったく異なる意味をつけようとすると、いかにたくさんの説明をしても誤りは防げないだろう。

4.6.2　慣習に不適合な色

　慣習によって色自体がいろいろな意味を示すことがある。先ほどのトイレのマークであれば、（少なくとも日本では）赤色やピンク色が女性用、青色や黒色が男性用を示すのが慣習である。色が慣習的に持つ意味を考えるうえでのポイントを整理しておこう。

（1）　注意色

　注意色、すなわち黒と黄、赤と白、緑と白を組み合わせた場合には、何か注意が必要な、大抵は危険な箇所を示すことが多い。よって、ただ黒と黄の組合せが好きだからといってこの組み合わせを多用することは、初めてそれを見る人に何か危険があるとの誤解を与える可能性があるため、慎重に検討すべきである。

　逆に消費者の目を引きたいときなどは、このような注意色を挑戦的に使うのも悪くないであろう。スーパーカーと呼ばれるような超高級車が通常の乗用車では用意していないような、ビビッドな赤や黄色の塗装バリエーションを用意しているのは、人に注目されたいという購入者の意識を反映しているのであろう。

（2）　寒色・暖色

　色には寒そうに思える色（寒色）と温かそうに思える色（暖色）がある。寒色の代表は青、黒、白など、暖色の代表は赤、黄、橙などである。

　例えば活発なことを表現したいのに、寒色系の色を組み合わせても効果はないし、その逆に落ち着いている、クールであることを表現したいのに暖色系を使うと逆効果である。

　ちょっとした資料の色使いを決めるときにも、このような色が慣習として持つ意味合いを踏まえることによって、それを見た人が自然と意味づけをしてくれることが期待できる。

(3)　国が変われば慣習も変わる

　慣習に不適合な例が多分に出てきてしまうのは、国が異なれば色の持つ意味合いが異なるという要素も影響しているだろう。例えば日本では性的なものを表現するときに（ピンク映画などといわれるように）ピンク色が使われることがあるが、欧米では（ブルーフィルム・ムービーなどといわれるように）青色が使われるようである。

　海外展開を行う商品・サービスを取り扱っている場合には、よく現地の人の認識を確認すべきであろう。そうでないと、現地の人の認識の限界を試す悪例になってしまう。

4.6.3　慣習への不適合への対処法

　慣習に適合したものを作るためには、その土地の人、文化を深く知る必要がある。何を当たり前と思うかは、国・地域によって異なるし、また場合によっても異なる。そのため、慣習を正しく理解するためには、相当な時間が必要となり、一から理解を始めるのでは間に合わない場合も多いかもしれない。

　したがって、慣習に適合したものを作るためには、想定ユーザに試用してもらい、意見をもらうのが一番である。このような想定ユーザによる試用をユーザテストと呼ぶ。ユーザテストというと多くのユーザを募集する必要があり、大きなコストがかかるように思われるかもしれないが、実際にはこの慣習への不適合を発見する程度であれば、10人程度（できれば、異なる性別、異なる年代）のユーザを集めれば大きな不具合は発見できるであろう。慣習への不適合がある場合、テストに参加したユーザはあなたが期待した反応とは異なる反応をとるはずである。

4.7　一貫性の不足

　複数の設備・装置の使い方に一貫性を持たせると、ユーザにわざわざ説明しなくても、ユーザが自動的に使い方を学んでくれる場合がある。その逆に一貫

性が不足すると、ユーザに不要な労力を強いたり、ストレスを与えたりすることになる。

　ここでは一貫性に関して人間の限界を試す悪例を2つ示そう。

4.7.1　隣接する類似品の一貫性不足

　さて、ある会議室の照明が思うとおりにON/OFF操作できないとのクレームがあった。この会議室の照明のスイッチは図4.20のようになっている。さて、なぜ思うとおりに操作できないとのクレームが来たのだろうか？

　答えは左右のスイッチ群で、ON/OFFの状態が違うからである。このスイッチは図4.21のそれぞれの状態で、すべての照明がONまたはOFFになる。これを見てもらえば左のスイッチ群と右のスイッチ群で、ONとなる状態が異なるのがわかるであろう。よってある特定の1つ2つの照明を付けたり消したりしたいときに、どちらの状態にすればONになるのか、OFFになるのかを"考える"必要があるのである。

　なぜ、このような設定になったかというと、図4.21右に示すような状態であれば、左右両スイッチの中央に手を置いて、片手でいっきに全部をOFFにできると考えたからだそうである。もちろん、この考え方にも一理あり、考え方すべてが間違っているわけではない[*1]。この設定を選んだ施工者に抜けている考え方は、すべてのユーザが必ずしも同時にすべての照明をON-OFFする

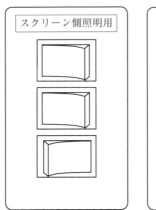
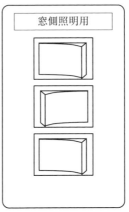

図4.20　一貫性の不足した照明用スイッチ・問題編

---

*1　これが局所的合理性原理の例である。

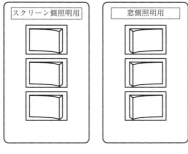
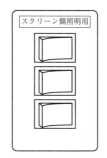
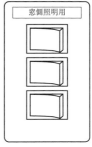
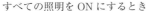

すべての照明を ON にするとき　　　　　すべての照明を OFF にするとき
　　　　　　　　　　　　　　　　　　（片手でいっきにできるようになっている）

図 4.21　一貫性の不足した照明用スイッチ・回答編

わけではないということである。

　ON、OFF が入り混じった状態では、どちらのスイッチの状態が ON なのか OFF なのか、想像することが難しくなるため、すべてのスイッチで ON となる状態を統一しておいたほうがわかりやすいということになる。

　ちなみに、この手の照明用スイッチの場合、昨今では LED ランプが内蔵されていたり ON 側に突起が付いていたりする。どのスイッチに相当する照明が現在 ON なのか OFF なのか手がかりが十分にあれば、今回の悪例のような一貫性の不足があってもトラブルにはなりにくいであろう。

4.7.2　順序の一貫性不足

　さて、物事は受け取る側が期待するとおりに並んでいるということが大切である。例えば、この本の章番号が、「1、2、A、B、3、α、C、β」となっていたらどうだろう。今、自分が書籍のどの部分にいるか、とてもわかりにくいだろうし、章の前後関係もわからなくなるだろう。

　このようにわざと間違えた例でなくても、システムの開発者の都合で順序の一貫性が不足してしまった悪例をあげよう。図 4.22 はあるシステムの登録画面である。さてみなさんは、これらの国名が何の順番で並んでいるかわかるだろうか？　さらにパキスタンの次にどの国が来るかご存じの方はいるだろうか？

　答えは「国番号」順に並んでいるのである。国際電話を書くときに、国際電話発信番号の次に入力する番号である。つまり、この登録画面を作成した人

図 4.22　順序の一貫性が不足した（見にくい）登録画面

は国番号という、一貫した順序に則って、このリストを作成したのである[*2]。

　しかし、どうだろう。自国の国番号ならいざ知らず、他国の国番号を覚えている人がどれくらいいるだろうか。

　他国の国番号を覚えていることを強いているという点において、一貫性が不足していると言わざるを得ない。このようなリストの場合、（特に日本語のシステムの場合には）アイウエオ順に並べるのが一般的であろうか。都道府県の場合には、位置にもとづく順序（北から南）に並べるのも一般的である。海外の国の場合は正確な国々の位置関係を覚えていることを利用者に強いるのは、やはりできない相談であるため、採用は慎重になったほうがよい。

4.7.3　「一貫性の不足」への対処法

　一貫性の不足に対処する一番簡単な方法は、自ら発明・開発しないことである。取り上げた 2 つの例は両方とも消しやすいスイッチを発明しようとしたり、新たな登録画面を開発しようとしたりする過程で、一貫性の不足が生まれてしまっている。よって新たに発明したいという気持ちを抑え、まずは既に世の中にあるもので、使いやすい（それなりに使えている）ものを真似れば、一貫性について一から考えるという手間が少なくなる。特にすでに多数のユーザが

[*2]　これが局所的合理性原理の例である（その 2）。

いるモノを真似れば、それらのユーザはそのモノを上手く使いこなしているわけで、少なくともそのユーザはあなたが真似て作ったモノは、それなりに上手く使えるはずである。

　スマートフォンや Web アプリケーションの発展の過程において、独創的なユーザインタフェースを発明したいという技術者の野心にユーザは散々振り回されてきている。そろそろ技術者のエゴを抑え、世界全体で一貫性のある、人に優しい世界を構築すべきときではないだろうか。

4.8　記憶力・忍耐力への挑戦

　約 3 年間でメンバーが一回りして入れ替わってしまう大学の研究室では、教員の記憶力と忍耐力の限界を試されることがしばしばある。

　「そのことは、前に教えたよ！」と叱ったが、実はその学生は、まだ説明を聞いたことがなかった学生だったり（記憶力への挑戦）、一方で、教え忘れてはいけないと丁寧に教えたら、「実は 1 年前に同じことを聞いていたのを思い出しました」と、ホワイトボードにびっしりと書き込んだ後に言われたり（忍耐力への挑戦）と、いろいろな事件が起きる。

　愚痴はさておき、この 4.8 節では、もう少し業務関連の挑戦（悪例）を示していこう。

4.8.1　記憶力への挑戦

　さて、ある工場を訪問したとき、自動車部品の外観検査担当部門[*3]の長がこんなことをボヤいていた。「いつになっても検査ミスがなくならないんですよ……。昨年の暮れに 1 つの重大ミスがあって、その対応に追われているうちに、また別の重大ミスが発覚して……。」

　さて、このような類のミスに悩まされている人は多いのではないだろうか。

　では、なぜその外観検査部門で、いつになってもミスがなくならなかったのだろうか。

　このようなヒューマンエラーの場合、前述したように答えを 1 つに絞り込むのは適切ではない。m-SHELL モデルにもとづいて、このエラーにつながりそ

---

　*3　外観検査とは、加工した部品に傷がないか、余計なゴミが付いていないかなどを、目視で確認する作業のことである。

うなソフトウェア、ハードウェア、上司・部下、環境、管理状態など、広く原
因の可能性を探らなければならない。

　この例では調査の結果、外観検査の作業内容および指示に "1 つの" 問題が
ありそうだということがわかった。なんと、1 つの検査員がチェックする項目
が 50 個以上あったのである。ただし、これは作業指示書に 50 個検査するよう
に書かれていたわけではない。全般的にチェックすべき項目が 5 種類（傷、変
色、ごみなど）あり、それをチェックすべき箇所が 10 カ所、さらにその部品特
有のチェック項目が 7 種類（交差穴のゴミ、削られてはいけない箇所が加工さ
れていないことの確認）あった。つまり単純計算で $5 \times 10 + 7 = 57$ 個となるので
ある。

　外観検査の作業指示書では、5×10 の部分は、一般的事項を書くに留まり具
体的にそれがどのような詳細項目に分かれているか書かれていなかった。よっ
て指示を与えている側としては、"5、10、7" という数字は意識していたが、
それが $5 \times 10 + 7 = 57$ という数になると認識していなかったのである。

　57 項目となれば、検査作業者が短期記憶に、そのまま記憶しているのが困
難な数字であることは理解できるだろう。長期記憶化のために有力な方法であ
る、物語化などを行って、作業者が 57 項目を漏れなくチェックできるような
作業の指示を考えなければならない。

　ちなみに、ここで 57 個がとても大きな数のように書いたが、各項目がどの
ような形でチャンクとして短期記憶に収められるかで、この数字が大きいのか
小さいのかは変わってくる。

　自社の一人の検査員が担当する検査項目が 50 個を超えているからといって
あわてる必要はないし、50 個を下回っているからといって安心してよいもの
でもない。結局この悪例に対処する方法は、作業をする人が何を記憶しておか
なければならないかを、具体的に考えて紙に書き出して、それが検査員の限界
を試していないかどうかを（頭の中で）シミュレートしてみることに尽きる。も
し、作業指示書を書いている本人でも記憶できない状態であれば、その指示書
を読んで作業する人はもっと記憶できないであろう。なぜならば、作業指示書
を作っている人は頭の中に "やりたいこと" を明確に持っているのに対して、
作業指示書を読んでいる人は、その書類を通じてしか "やるべきこと" の情報
を得られないからである。この不一致については、7.1 節において「デザインモ
デル、システムイメージ、ユーザモデルの 3 つの関係」として詳しく述べよう。

4.8.2 忍耐力への挑戦

　あるとき、とある奨学金の推薦文を書いてほしいと学生から依頼があり、電子メールでテンプレートを送るように指示した。

　受け取ったファイルは、図 4.23 に示すような Excel ファイルであった。Microsoft 社の表計算ソフト Excel が表計算以外に使われている場合、人間の限界が試されることが多い。推薦"文"を書くはずなのに、Excel ファイルであった時点で、すでに嫌な予感がしたが、受け取ったテンプレートはさらに筆者の忍耐力に挑戦的であった。みなさんは、このテンプレートのどこに忍耐力を必要とするか、わかるだろうか？

　まず、このテンプレートは各行のどの位置で改行するかを記入者が決める必要がある。もし適切に改行しないと、この文書を印刷したときに文字が枠内に収まらない(最悪の場合は印刷もされない)のである。ご存じのとおり、Excel は標準の表示では画面で表示されたものと、印刷されたものが異なるという、WYSIWYG(「Column WYSIWYG(ウィジウィグ)」参照)の観点で致命的な欠点がある。「表示」を「ページレイアウト」にすることで、印刷の様子を確認できるので、今では少し便利にはなったが。

　それにしても、文章の改行位置を記入者がいちいち手動で決めるというのは、いかにも前近代的である。通常のワードプロセッサソフトのようにフォン

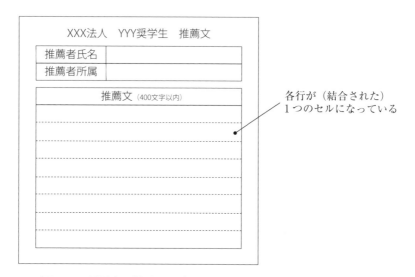

図 4.23　忍耐力に挑戦してくる文書テンプレート(Excel ファイル)

トの大きさ、印刷用紙の大きさに合わせて自動改行してほしいものである。

　そしてさらに忍耐力を試すのが、推薦文に文字制限がかかっていることである。Excel では「LEN 関数」と「SUM 関数」を併せて用いれば、複数のセルにまたがる文字をカウントできる。

　この機能を知らずに 1 行ずつカウントした記入者もいるのではないかと筆者は推察している。文字数が規定の数を超えていたときは、いくつかの単語の削除・修正を行い、またまた改行位置を手動で調整しないといけないのである。

　せっかく枠内に綺麗に収まった文章が、規定の文字数を超えていて、再び文書の成形を求められたら……、さすがに忍耐強い方でも怒りを覚えるであろう。ちなみに、実際には途中でこの腹立たしさに負け、この行の構成をまったく無視して、推薦文を 1 つの大きなセルに記入して提出した。提出した文書でも学生は奨学金をもらえたようなので、審査をしている側には強いこだわりはないようである。おそらく、このテンプレートを作った人は自分でテンプレートを使って推薦文を書いたことがないのだろう。このような非生産的なことで貴重な時間が消費されない世の中にするために、本書を是非、奨学金の出資元に届けたい。

　人の忍耐力を試す悪例を作らないためには、どうしたらよいだろうか？　答えは簡単である。あなた自身が一度、お試しで推薦文を作成してみればよいのである。テンプレートを作ったあなたが忍耐力への挑戦を感じたら、実際に推薦文を書く人はそれ以上の忍耐力を求められるはずである。なぜならば、推薦文を書く人にとって（本来）テンプレートは従わなければならないルールまたは強制であり、自発的にそのルールを作っているあなたよりも遙かに多くの精神的負担を負っているのである。

　もし、あなたが「実際に推薦文を書くなんて時間がないよ！」というのであれば、過去に作った適当な文章から推薦文で指定された文字数条件を満たす文章をコピー＆ペーストして、推薦文風の文書を作成してみればよい。ただコピー＆ペーストするだけでも負担を感じるようであれば、それはもう立派な忍耐力への挑戦である。

Column　WYSIWYG（ウィジウィグ）

ソフトウェアのユーザインタフェースの良し悪しを議論するときに、

WYSIWYG（ウィジウィグ）という概念がある。これは、"What you see is what you get."の各単語の頭文字をとったものである。

「画面で見ているものと（最終的に）手に入れるものが同一である」という機能・価値を示しており。これが実現できているのが優れたユーザインタフェースということになる。

最終出力が文書の場合、画面で見ていたものと紙に印刷したもの、またはPDFデータ化したものが同一であるのが、当然のことのように今では思うかもしれないが、実はこれを実現するのは難しい。

このWYSIWYGが実現できていないのに、世の中のデファクトスタンダードとなり、人を苦しめてきたのがExcelである。この苦しみが生まれてしまったのは、もともとExcelが実現しようとしていた表計算というソフトの本質と、人々がExcelに求めた"罫線が最初からたくさん引かれた文書作成テンプレート"という機能の間に大きな乖離があったからであろう。

筆者はページ数の少ない文書で、完全なWYSIWYGを実現したいのであれば、Microsoft社のPowerPointを使うことをお薦めしている。PowerPointはプレゼンテーションのスライドを作るソフトウェアと思っている人が多いが、用紙設定でA4サイズなども選ぶことが可能であり、用紙を縦にすることも可能である。そして配置しようと思ったとおりに配置できるというのが、とても重要な点である。さらに言えば、大抵のビジネス用PCにはパワーポイントが初期インストールされているので、新たな出費が不要な点も重要な利点となる。

いずれにせよ、Excelを罫線がたくさん引かれた文書作成テンプレートとして使う文化は、人の限界を試す悪例といえよう。

4.9 報酬も罰もない活動

4.9.1 できてもできなくとも評価が同じ

ある工場で作られていた部品Aが、実は何年も製造図面の要求の精度どおりに作られていなかったという事件が発生した。発注元は怒りを露わにしたというのだが、なぜこのようなことが起きてしまったか、読者のみなさんはわかるだろうか。

答えは、これまでは部品Aが図面の要求どおりに作られていなくても、誰も困らなかったからである。実はこの事件が発覚したのは、発注元が他の部品

図4.24　報酬も罰もない結果、人のモチベーションは……

Bの設計変更をした結果、部品Aと部品Bが干渉してしまうことが起きたからである。

　製造図面取りに製造していなかった工場の体質には大きな問題があるといえるが、一方で、発注元にも問題があるといわざるを得ない。つまり要求どおりに作られても、作られていなくても、反応が同じであれば、この場合正確には"何も反応がなければ"、要求どおりに作ることの動機・必要性が失われてしまうのである（図4.24）。

　では、この部品Aの不良の場合にはどのようにすべきだったのであろうか。答えは、要求どおりでなければ罰[*4]を与え、要求どおりであれば報酬を与えることである。報酬も罰もない活動に、意義を見つけて熱心に取り込むことは、マズローの段階欲求説から考えても、できない相談である。

4.9.2　なぜ赤信号を無視するのか

　赤信号の横断歩道を渡ることは明らかな交通ルール違反であるが、朝の通勤時間となると、多くの人が赤信号でも横断していることがある。これは赤信号で渡っても、事故にもならなければ、誰からも注意されないという成功体験が重なり、「急いでいるのあれば信号を無視してもよい」という本来あるまじき合理性が、その歩行者の中にでき上がってしまったのである。

　例えば目の前で信号無視をした人が車に轢かれるなどの、明確（センセーショナル）な罰を目にした人は、その後の人生で信号を無視することなどないであろう。

[*4] 経済的・精神的に大きな負担を求めることは必要ではない。ただ、よくない（合理的ではない）ことをしたと思えるだけでも十分である。

4.9.3　報酬も罰もない状態への対処法

　組織に属していると「やらなければならないが、やったところで褒められない作業」が多すぎる。誰もチェックしない安全の自己管理シート、誰もフィードバックをしない労務管理表……、たしかに書類を作る過程において重大な問題を発見することもあるのですべて無駄だとは言わないが、何か正しく活動をしてほしいのであれば何かしらのフィードバックは必須である。誰も見ていない書類を真剣に作るほど人はヒマではないし、自己完結してもいない。よって、誰かに何かを求めるときは、「求めたものを評価しフィードバックできるか？」を考えつつ要求することが大切である。

　機械設計では、図面どおり正しく作られていることをしっかりと検査すべきであるし、チェックシートであれば適切にチェックが入っていること、そしてチェックを入れた理由が明確であることを確認すべきである。これを機に、何かをやっているふうの活動を辞めて本当に必要な活動を、正しくフィードバックをかけながら行ってほしい。無駄なものを無駄と言うのも、立派な改善活動の1つである。

4.10　第4章のまとめ（人間の限界を試す悪例の起源）

　第4章では、改善の対象を発見するきっかけをつかむために、人間の限界を試す具体的な悪例をいくつか示してきた。

　では、なぜ人間の限界を試す悪例が生まれてしまうのだろうか？これらの悪例には4つの起源が考えられる。

① **人間工学的な知識の不足＝ユーザ不在の設計**

　人間の特性を知らずに、設計者の都合だけで作ってしまう。

② **現場の状況を知らない**

　現場の状況を知らずに、設計者の想像で作ってしまう。

③ **メンテナンス費用不足**

　一般に設備の新設には予算をつぎ込むが、保守の予算は不足しがちである。導入した後で認知された不具合も、お金がなければ修正できずに放置されてしまう。

④　継ぎ足しの改善

　現場の意見でボトムアップ的に改善を繰り返すと全体として一貫性が欠けてしまいがちである。メンテナンスとも関係するが、単発の改善をいくつか繰り返した後には、それらに一貫性が保たれているかの確認と修正が必要である。

　逆の言い方をすると、改善の対象を発見する目的においては、以下のような目線で読者のみなさんの周囲を見てみるのが有効である。

【改善の対象を発見するためのチェックポイント】

①　設計者の都合だけで作ったしまった設備・装置がないか？

②　現場と設計者の距離が離れていると思われる箇所はないか？

③　もう何年も保守されていないところはないか？

④　頻繁に複数の担当者によって修正されているところはないか？

　次の第5章では、これらの悪例との比較では見つけられない改善対象を、筆者が「言い訳法」と呼ぶ方法を用いて見つける手順を紹介しよう。

第5章

改善対象を発見しよう!
(その2:言い訳法による身の回りの問題の発掘)

　第4章で人間の限界を試す悪例をいくつか示した。しかし、これらの悪例と似ているものが、すぐさま自分の会社で発見されるとは限らない。そこで自分の会社の中での"悪例"を改善対象として発見することが必要になる。この第5章では、悪例を発見する方法を2つの場合に分けて紹介していこう。

5.1　過去のトラブル分析による改善対象の発見

　畑村洋太郎先生が創始した失敗学では、過去の失敗を分析することの大切さを強調している[18]。しかし、過去のトラブルを分析する際に、手に入れられる文書・データがそのまま使えるとは限らない。

　ここでは、トラブルを報告するレポートのありがちな問題点を指摘し、そのデータを真にどのように分析すべきかを考えていこう。

5.1.1　トラブルレポートの問題点

　中規模以上の会社であれば、会社の中で起こったトラブル・事故に関する情報が何かしらの形で資料として蓄積されているであろう。ここでは、このような資料のことをトラブルレポートと呼ぶ。大変残念なことに、日本の会社のほとんどのトラブルレポートは、そのままの形では改善対象を発見するのに役に立たない。

　なぜならば、トラブルを起こした場所の一番近くにいた担当者が、そして往々にして一番役職の低い者が、自らがいかに至らなかったかを反省して、(あえて挑戦的な表現を用いると)切腹をしているだけの内容しか書かれていないからである。貴社のトラブルレポートに、こんな言葉が含まれていたら、まさにそのトラブルレポートは改善対象の発見には役に立たない。

「以降、このようなことが起こらないように気をつけます。」

5.1.2　真のトラブル原因を探求せよ！

『失敗学 実践編』（濱口哲也・平山貴之著、日科技連出版社、2017 年）では、「言い訳」を「動機的原因」を明らかにする大切な手がかりと考えている。動機的原因とは、一般的に原因と考えられている、直接トラブルを引き起こした要因（直接原因と呼ばれる）ではなく、その要因をもたらした、またはその要因に至らしめた（背景となる真の）原因のことである。「動機的原因≒言い訳」を導き出す方法が同書に紹介されているので、引用しよう[19]。

> 動機的原因を抽出するときは「正当化なぜなぜ分析」を使ってほしい。まくら言葉を付けて聞くのである。「そのとき△△することが正しいと考えた。それはなぜか？」と聞く方法が「正当化なぜなぜ分析」である。
>
> （『失敗学 実践編』）

同書では、看護師の例が取り上げられているが、看護師の多くは看護学校などで「言い訳をするな！」と厳しくしつけられているため、なかなか言い訳すること自体ができず、言い訳する前に謝ってしまいがちであった。

> そこで、こんなコツを編み出した。言い訳の語尾に「○○だったんだもん（しょうがないだろ）」という言葉を付けてほしい。つまり、（しょうがないだろ）につながる言葉を聞きたいのであって、（ごめんなさい）につながる言葉を聞きたいわけではないのだ。
>
> （『失敗学 実践編』）

この方法は現場の担当者の切腹（という価値のない行為）を防ぎ、過去のトラブルから価値ある情報を抽出する非常に優れた方法である。この方法を人間工学的なものの見方に適用したものを「言い訳法」として本書では説明していく。

真のトラブルの原因を探求するために必要なのが、そのトラブルが起きた周辺の関係者すべてに言い訳をしてもらうことである。どの範囲までを関係者とするのかは大変難しいが、業務を阻害しない範囲でできるだけたくさんの人に（ときには顧客にも）言い訳をしてもらおう。

言い訳をするときには、最初に「だって」、末尾に「だもん」を付けてもらうのがポイントである。実は「だって、～だもん」という言葉で言い訳以外のことを言うのは難しいのである。

表 5.1　よくある言い訳と人間の限界との対応

1	・だって○○が聞こえなかったんだもん ・だって××には時間がかかるんだもん ・だって手が届かない所にあったんだもん	認知過程の限界 身体寸法の限界	環境を改善
2	・だって夜中に××があったんだもん ・だって昼ご飯食べた直後で眠かったんだもん	覚醒の限界	
3	・だって前日に上司に叱られたんだもん ・だってあの人，月末には退職するんだもん	意欲の限界	
4	・だって○○のときは，よかったんだもん ・だって××と同じだと思ったんだもん	錯誤の発生	
5	・だって××に気を取られていたんだもん ・だって約束したのが1年前だったんだもん	記憶の限界	人・組織を改善
6	・だって○○は知らなかったんだもん ・だって××は使えないんだもん	知識・技術の不足	
7	・だって○○を教わってないもん ・だって××は使いにくいんだもん	規則遵守の限界	

　この言い訳の中には実にたくさんの改善のヒントが含まれているものである。表 5.1 によくある言い訳の例と、それが示す人の限界の対応表を示しておこう。このように言い訳をしてもらうことで、現在の環境、人、組織にどのような改善の余地があるかの大枠を把握することができる。

　そして、このような言い訳を聞き回ることを始めてもらうとわかるのは、トラブルレポートで反省をした本人に責任がないとまでは言わないが、多くの場合そのトラブルは m-SHELL モデルで表されるものの何かしらの要素において（大抵の場合は複数の要素において）、人間の限界を超えているということである。人間の限界を超えた要素を放置したまま「気をつけて」も、根本的な解決には至らないのは言うまでもない。

Column　教育と言い訳

　日本の学校では、言い訳をすることを「よし」としない文化がある。もちろん自らの非を認めるという行為は、人の精神的成長において大変重要だと思う。しかし、もし学校というシステムに問題があるとすると、言い訳をしてもらうことで、その問題の根本を解決し、教育効果を高めるチャンスが生まれる

ともいえる。まずは言い訳をしてもらうことで、その学生に不足する知識・社会通念などを明らかにするのも、重要な教育プロセスだと思うのだが、みなさんはどのようにお考えだろうか。これからの学校では正しく言い訳をする方法も教育していくべきと筆者は考えている。

5.2　愚痴の言い合いによる改善対象の発見

　仕事をしていると多かれ少なかれ愚痴を言いたくなるものである。業務におけるストレス要因のほとんどが人間関係であるとさえいわれるように、人はさまざまな人間関係の中での悩みに日々苦しめられているのである。しかし、この愚痴も改善対象を発見するのにヒントになることがある。なぜならば愚痴とは、すなわち誰かが困っていることであり、その困っていることの周りにさまざまな人間の限界が見え隠れするからである。

　ということで、この 5.2 節では愚痴を言い合うことから改善対象を発見する方法を紹介しよう。

5.2.1　他部署の人と愚痴を言い合う
　　　　（ブレインストーミングに慣れるために）

　もしあなたがブレインストーミングに慣れているのであれば、このステップは省略しても構わない。このステップは「ブレインストーミングとは何か」を理解してもらうための導入である。ブレインストーミングを行ううえでの注意は「Column ブレインストーミングのルール」にまとめておこう。

　このステップでは最近、自分が迷惑を掛けられた、困ったと感じた他部署の行動・振る舞いに対して愚痴を言ってもらう。よって、参加者はできるだけ同じ部署、もしくは立場が近い人のほうがよいであろう。なぜならば、利害関係がある人だと、愚痴を言った時点で言い合いが始まってしまい、本来目的とするブレインストーミングが正しく行われない可能性があるからである。

Column　ブレインストーミングのルール

　ブレインストーミング（通称：ブレスト）とは、特定の課題に対して今まで考えたこともなかったようなアプローチを見つけるための相談・議論方法である。

そのルールは以下の4つに集約される。

① 批判をしない……批判されると思うとアイディアが出にくくなる。

② 自由奔放たれ……こんなことを言ったら笑われはしないかなどと考えず、思いついたことをどんどん言う。"上品な"ジョークは大歓迎。"適度に"話を脱線させよう！

③ 質より量を重視……できるだけ多くのアイディアを出そう。結論を出すのはブレスト終了後でよい。

④ 連想と結合を大切に……他人の意見を聞いてそれに触発され、連想を働かせ、あるいは他人の意見に自分のアイディアを加えて新しい意見として述べる。

営利企業でブレインストーミングを行う場合には費用対効果を考えて、時間を区切ってやらざるを得ないため進行が難しい。ブレストの進行役が、誰もが自由に発言できる雰囲気を作るのが大切である。そのためには、あまりに(役職が上で)しゃべるのが好きな人の参加は避けたほうがよいだろう。最悪の場合、その人の独演会となってしまう可能性がある。

お茶やお菓子(ときにはお酒も？アルコールブレストなどという言葉もあるようだ)を提供して、話をしやすい環境を作るのも有効かもしれない。

5.2.2 自分の失敗に対して言い訳を言う

さて、この項が愚痴の言い合いによる改善対象の発見において、肝となる部分である。誰しもが失敗したな、怒られたな、という経験はあるだろう。

その経験に言い訳をすることで、図5.1のように改善対象の種を見つけるのが、この章で提案する「言い訳法」で一番大切なことである。

まずはどんな失敗をしたのか、ブレインストーミングをしてみよう。過去の失敗を社内の他のメンバー(特に若手)に伝えるだけでも、技術伝承という意味では価値があるだろう。働き方の変化により、昔のように社員旅行などを行う企業も少なくなってきているだろう。すると、ベテランが昔の失敗を面白おかしく語り、苦労を武勇伝として話す機会も減ってきているであろう。

次に、話題に上がった複数の失敗に対して、なんでそんな失敗をしたのか、これまたブレインストーミングの要領で言い訳をしてみよう。もちろんグループで起こした失敗であれば、グループのメンバーが集まってみんなで言い訳を言い合うのがよい。

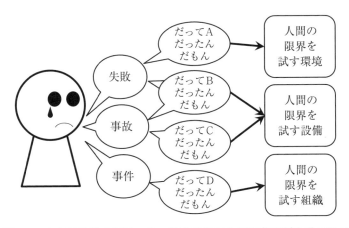

図 5.1　自分の失敗を語り、言い訳を言うことで改善の種を見つける

　複数あがった失敗の中で、一番たくさん言い訳があがった失敗事例を、改善
対象をとするのがよいであろう。なぜならば、たくさん言い訳が出てくるとい
うことは、多くの人間の限界を試す何かがその失敗の周りにあるはずだからで
ある。

5.3　第5章のまとめ

　第5章では、「言い訳法」による改善対象の発見について、以下の2つを述
べた。

①　過去のトラブルに対して、「だって、XXX なんだもん」という言葉で
　　言い訳してもらうことで、人間の限界をためす改善すべき対象の発見につ
　　ながる。

②　他部署の人と愚痴を言い合い、自分の失敗に言い訳をすることで、トラ
　　ブルとしては認識されていないが改善すべき対象を発見することができる。

第6章

ではどうやって改善するべきか？

　第5章までで、2つの改善対象発見方法、すなわち(1)人間の限界を試す悪例と比べることで自らの周辺にある改善対象を発見する方法と、(2)自らの失敗に対して言い訳をすることで改善対象を発見する方法を紹介した。

　正直なところ、何を改善すべきか発見した時点で、改善活動は70%終わったようなものである。なぜならば、改善の成果*1はどうやるか(How)よりも、何をやるか(What)または、なぜやるか(Why)で決まってしまうからである。よって、もしあなたが改善すべき対象を見つけているのであれば、少しリラックスしてほしい。

　さて話を本題に戻し、本章では、どうやって改善するかの方法の検討に議論を進めていく。第4章で示した人間の限界を試す悪例との比較により改善対象が発見された場合は、本章で示す内容は省略して、次の第7章に進んでもらっても構わない。本章では、第5章の言い訳法により発見された改善対象とその言い訳に対して、改善課題を抽出する手順を主として説明していこう。

6.1　改善対象の構造を見える化し改善課題を抽出する

　さて、改善の課題を抽出するためにここでは Fault Tree Analysis(FTA)の記法を用いる。正直なところ記法などは、何でもよいのであるが、組織として改善に取り組むのであれば、書き方が統一されていた方が情報共有をしやすいので、この記法を選んだ。

　FTA とは品質工学において、失敗・不具合の原因をトップダウンに木構造に分解して分析することで、その発生確率を予測したり、原因分析をしたりする手法である。もし品質工学に強い関心があるのであれば教科書を読んでみる

---

*1　改善に限らず、何をやるかで成果の良し悪しが決まってしまうことが少なくないが。

とよい。

それでは図6.1に簡単にFTAの書き方の例を示そう。FTAでは一番左に失敗・不具合を書く。そして、その失敗・不具合につながる原因（要素）をその右に木の枝として書いていく。ここで複数の要素が同時に起こったときに失敗・不具合につながる場合には"AND"でつなぎ、複数の要素のどれか1つでも起これば失敗・不具合につながる場合には"OR"でつなぐ。そして、各枝（要素）の右肩には、それが発生する確率を付記する。FTAでは、この確率を掛け算していくことで、失敗・不具合の発生確率を計算できるようになっている。

ただし、改善課題の抽出においてはANDなのかORなのかを厳密に考える必要はないし、人間の行動はほとんどが定量的に評価することが難しいので、確率を付記しなくて問題ない。むしろ重要なのは木構造とすることで、要因同士の関係を明確化し、失敗・不具合に影響の大きい因子を明らかにすることである。

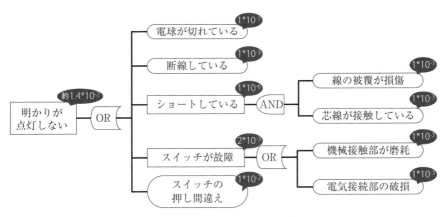

図6.1　Fault Tree Analysis（FTA）の例

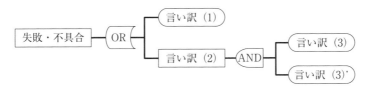

図6.2　失敗・不具合と言い訳をFTAを用いて構造化する方法

　では第5章に示した、言い訳法によって発見された改善対象の失敗・不具合と言い訳をFTAを用いて構造化することに取り組んでみよう。図6.2に簡単に書き方を示す。FTAの書き方は以下のとおりである。

【失敗・不具合と言い訳をFTAを用いて構造化する書き方】

① 　一番左に改善対象の失敗・不具合を1つ書く。

② 　「だって～なんだもん」の形で出てきた(複数の)言い訳(1)を、その右に書いて失敗・不具合と線でつなぐ。

⇒(余裕がある場合には)AND/ORの記号を置く。複数の言い訳となった物事のいずれか1つでも起きればその失敗・不具合が発生した場合には線の上に"OR"の記号を置く。言い訳となった物事がすべて同時に起きないとその失敗・不具合が発生しない場合には線の上に"AND"の記号を置く。

③ 　みんなの前では言いづらかった言い訳(2)があれば、言い訳(1)の下に追加する。

　　なかなか言い訳を人前で口に出すのを憚れる人も多いであろう。ここは思いつくままにたくさん書いてみよう。言い訳(1)または言い訳(2)を、もっと自分個人や所属組織の内側に限定した具体的な言い訳に分解できるのであれば、言い訳(3)や(3)'を書く。

⇒ここで書くのは人に見せるのが恥ずかしいと思えるような、個人的(プライベート)な事情でも構わない。

　さて以上が書き方の基本である。具体例として身近な不具合をFTAに書き下してみよう。今回は図6.3に示すように、「身の回りが片付かない」という、結構な数の人が悩みを抱えているだろう不具合を取り上げてみた。「身の回りが片付かない」という不具合を一番左に置き、その右側には第一段階として抽象的または普遍的な言い訳を並べる。そして、その言い訳をさらに分解し、具体的(ときには個人的)な言い訳を右端に並べた。

　この例のように、たくさんの言い訳が並べられたあなたは改善課題発見のスペシャリストである。実際には、このようにたくさんの言い訳が並べられるようになるまでには練習が必要である。なにせ"学校"では、言い訳をすること

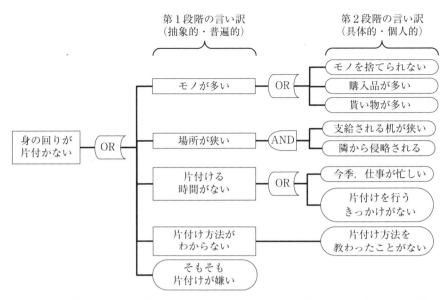

図6.3 「身の回りが片付かない」という不具合と言い訳をFTAに書き下した例

を禁じられてきたのだから、そう簡単に言い訳ができるようになるわけがない。

　もしうまく言い訳が思いつかないなと思った場合には、m-SHELL モデル（図2.4、p.16）を見ながら考えるとよい。m-SHELL モデルの要素ひとつひとつに何か言い訳すべきことがないかなと考えるのである。

　また第1段階から、第2段階への言い訳に分割するときのコツは、

組織全体の事情ではなく、自分個人の事情（エゴ）を最大化すること

である。つまり、組織としてどのような状況にあるかはいったん無視して、自分が置かれた状況だけに注目して考えるのである。

　「そんなことをすると、その人特有の改善課題しか見つからないじゃないか」と指摘されるかもしれない。それはごもっともではあるが、結局人間は自分の身の回りのことが一番想像しやすいのである。そして、何かを改善して最初に利益を得るのは、その改善を行った人であるべきだと筆者は考えている。

　「他人や組織のために改善を行う」ことは、たしかに素晴らしいことだが、そのような他人事では、よい言い訳はたくさんは出てこない。人間は、他人や

組織のことを考えると、どうしてもいろいろなバランスを考え、遠慮が生まれてしまうのである。

　さて、たくさん並んだ言い訳のうち、至極個人的なものも含めて、「もう、そんな言い訳したくないな」と思えるものを、1つピックアップしよう。それが改善課題となる。

　そこで出てきた改善課題がすべて人間工学の知識・技術によって解決できるものばかりではないだろう。次章では、この改善課題を達成する汎用的な方法としてフールプルーフという考え方を取り入れる。

Column　整理と収納

　筆者は整理収納アドバイザー2級という資格を持っている。これは特定非営利活動法人・ハウスキーピング協会が行っている一日の講座を受講し、簡単なテストに答えれば手に入れられる資格なので、その資格を持っていることがすごいことではない。

　しかし、「整理と整頓の違い」など、基本からじっくりと教えてくれるので、貴重な経験ではある。ちなみに整理と整頓の違いは以下のとおりである。

　整理：要るものと要らないものを分別すること

　整頓：同じ属性のもの同士を集めること、グループ分けすること

　よって、どう収納するか（How）も大切であるが、まずは、本当に収納するべき必要なものは何か（What）、もしくはなぜそれを捨てずに収納する必要があるのか（Why）を考えるのが大切ということになる。

6.2　言い訳ができない（フールプルーフな）環境を構築する

　フールプルーフとは信頼性工学でよく使われる言葉で、要は「どんなフール（おバカさん）がやっても、失敗しないようになっている状態」のことを示している。

　フールプルーフな環境を作るには、5つの原則があるといわれている。失敗の影響が人命にかかわるため、多くのフールプルーフを具現化する方法が開発されてきた自動車向け技術を具体例として、5つの原則を説明してみよう。

【フールプルーフを具現化する 5 つの原則】

① **排除：そもそも失敗が起こるような作業をなくしてしまう**

　　自動車で排除された作業としては、エンジンのオーバーホール（分解・整備）があるだろうか。古い車は走行距離 50,000 km 程度で一度、エンジンを分解して整備する必要があったが、今や超高級車、クラシックカー、競技用車両などを除き、一般の乗用車でオーバーホールを行うことは稀であろう。

② **代替化：作業をより確実な（失敗しない）方法で置き換える**

　　作業を代替するには、ロボット、人工知能、自動機械を用いた自動化もその 1 つの手段である。ただし、次節で説明する"自動化の驚き"と呼ばれる落とし穴があるので注意が必要である。自動車のオートマティックトランスミッションは人がクラッチを切って、ギアを入れ替えるという作業を機械が代替するものである。これによって、人はハンドルやアクセル・ブレーキ操作に専念できるようになるため、失敗をしにくい状況が作られる。

③ **容易化：（文字どおり）作業を簡単にする**

　　自動車のパワーステアリングは、大きな力が必要な作業であった方向転換を容易化したものである。どうしたら作業が簡単になるかについては、次の章で説明しよう。

④ **異常検知：失敗したことがすぐわかるようにする**

　　失敗がまったく起きないようすることは難しいかもしれないが、失敗が起きたことにすぐ気づけば、その失敗を取り繕う行動をとることができる。近年、急速に普及してきている自動車の衝突警報装置や車線逸脱防止支援システムなどは、交通事故につながる異常を検知するのを支援するものである。

⑤ **影響緩和：失敗しても大きな負の影響がでないようにする**

　　影響緩和には、影響そのものの大きさを小さくするという考え方と、影響が及ぶ範囲を狭くするという考え方の 2 つがある。自動車のエアバックは衝突時の影響（衝撃）を小さくするものである。自動車の衝突安全ボディは衝突時の影響（衝撃）が及ぶ範囲を小さくするものである。

【フールプルーフを具現化する5つの原則】を見るとわかるように、改善課題に対して排除・代替化・容易化のいずれかが行えれば課題を達成したことになる。もちろん異常検知・影響緩和も改善のアプローチではあるが、先にあげた3つで、根本的な解決をしたほうが望ましい結果が得られることが多い。

ただし、業務において特定の作業を排除するのは簡単なことではないだろう。排除したときの影響を正確に見積る必要があるし、何かを排除しようとすると"抵抗勢力"からの反対を受けるのがしばしばだからである。しかし役に立たない資料作成や、やめても影響のないチェック、そして時間を浪費してばかりの定例会議などは、排除するのが一番よい。排除してしまえば、そこで失敗が起きることもないのだから。

排除は改善の最も究極的な方法ではあるが、いつでも採用できる方法ではない。そこで代替化と容易化が現実的な方法となるのだが、代替化には大きな落とし穴が待っている可能性があることを次に述べよう。

6.3　代替化の落とし穴（自動化の驚き）

改善の指導を行っていると、代替化によって人に優しい作業環境を構築しようとする取組みを多く聞く。特に Excel で自動的に数がカウントされる方法や、Web サービスを用いて今まで紙ベース、手作業で行っていた集計・転記作業を、システムが自動的に行うという方法が多く見られる。

筆者はロボットの研究者なので、IT（情報技術）を用いることには前向きであるし、できればたくさんのロボットを導入していただいて、ロボット業界を盛り上げてほしいと思っている。

しかし、自動化の内容によっては、「これは改善ではなく改悪になるかもしれないな」と思う提案がある。特に情報化技術、ロボット技術に触れたばかりの経験の浅い人からの改善提案で、危険なものが多い。

危険な改善提案の具体例を図 6.4 に示そう。この提案は「書類 A から書類 B に数字を人が書き写すのをやめ、書類 A の値が書類 B に自動的に転記されるようにシステムを構築する」というものである。これがなぜ危険か、みなさんはわかるだろうか。まずこの自動化のプラスの効果は、人が数字を書き写す際の認識誤りと入力誤りがなくなることであろう。一方、この自動化のマイナスの効果は次の2つであろう。

図 6.4　転記を削除する危険な改善提案

【自動化のマイナスの効果】

① 人が数字を書き写す際に発見できた（かもしれない）書類 A の数字の誤りを発見できなくなる。

② システムのバグにより、書類 B の値が書類 A の値と異なる。

　ちなみに 2 つめの項目について、システムエンジニアの方々からは、いろいろなご意見をいただきそうだが、「システムは人が作るもの＝絶対誤りのないシステムなど存在しない」というのが、本書のスタンスである。

　よって自動化すれば、すべての問題が解決するわけではなく、問題を別の形に変えてしまうことがある。そして、別の形に変わってしまい、もはや人間の手を離れた問題は、人間が制御できるものではなく、人に“驚き”を与えることすらある。これが「自動化の驚き」である。

　この「自動化の驚き」が熱く議論されたのは、航空機の自動操縦（Auto Pilot）によって、事故が相次いで発生したためである。特に初期の自動操縦装置では、操縦士と“機械のパイロット”が何をどのように分担するのかが明確でなかった。操縦士が本当に何もする必要がないのであれば、操縦士はすべてを機械に任せることができたであろう。しかし、当時の自動操縦装置はすべてを機械に任せられるほど完成してはいなかった。また自動操縦装置が“何を考えているか”を操縦士に伝えるのも十分でなかった。そのため、ある（隠された）目的を果たそうと必死に制御する自動操縦装置と自動操縦時に装置側がどのように考えた結果、現在の挙動を示しているのかを（正確には）知らない操縦

士との間で、せめぎあいが起こった。これはときに本来は操縦士が行うべきではない装置への入力を引き起こし、最悪の場合は不幸な事故へとつながったわけである。

図6.4にあげた文書作成システムにおいて、プラス効果が大きければエラーは少なくなる。しかし、書類Aの入力ミスを根絶しない限り失敗はなくならない。よって、(1)作業指示者が書類Aに入力したとき、もしくは作業者が書類Bを読んだときに誤りに気づく方法が必要である。

もしくは、機械に状態の善し悪しを判断させる機能を持たせることが最低限必要であり、トヨタ自動車では、このような機能を有する自動化のことを、(にんべんを付けて)「自働化」と呼んでいるそうである。ただし、ロボット研究者としては人間が最も良い状態・作業環境で発揮している性能を、ロボットに期待するのは現状では難しいと言わざるを得ない。

そこで代替化に頼らざるとも、人間が簡単に作業をできるようにする容易化について次の第7章では詳しく述べていこう。

6.4 第6章のまとめ

本章では以下の2つのことを述べた。

① 改善対象の構造をFTA（Fault Tree Analysis）などの木構造で表すことで見える化し、その中で見られた言い訳を1つピックアップすることで改善課題を抽出できる。

② 改善課題に対して排除・代替化・容易化のいずれかを行うのが改善の重要なアプローチとなる。ただし機械（特に情報技術）による代替化には自動化の驚きという落とし穴があるので、注意が必要である。

第7章

難しい作業を簡単にするための
原則を導入しよう!

本章では、設計におけるアフォーダンスという考え方を紹介し、それを踏まえて難しい作業を簡単にする方法を紹介する。

7.1　アフォーダンスという考え方

Human Interface 設計の場において、アフォーダンス(affordance)という考え方が重要視されている。もともとアフォーダンスはアメリカの知覚心理学者ジェームズ・J・ギブソンによって造られた認知心理学・認知科学の言葉であり、人間が外界を認識する過程を説明する 1 つの考え方・説である[20]。認知心理学上のアフォーダンスでは

> 「人間とその環境との関係は、その環境の中に記述される」もしくは
> 「環境が人間に対して価値を与える(Afford する)」

と考える。

ここで"与える"という表現を用いたが、人間工学的には(静止)物が何かの主体となって人間に訴えかけるわけではないので、人間が環境の中に発見するという表現が理解しやすいであろう。

まずはアフォーダンスの例を図 7.1 に示す。図 7.1(左)を見て、その水平な面に人は座れると認識するであろう。図 7.1(中央)を見て、その枠を通り抜けられると人は認識するであろう。そして図 7.1(右)を見て、その水平な面は登れると認識し、さらには隣接する面を連続して登れるとも認識するであろう。また横にある棒には掴まれるとも認識するに違いない。

もちろん、これは左から椅子、扉、階段(手すり付き)と認識しているからに他ならない。ここで同じような水平な面を座れると認識させ、登れると認識さ

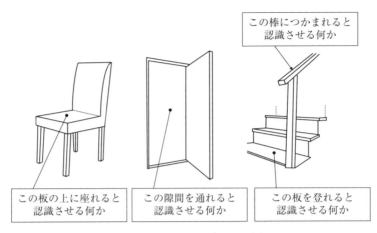

図 7.1　アフォーダンスの例

せている事実が興味深いものであり、単なる単体の構造ではなく、その周辺の構造や環境と組み合わせることで、人間が何らかの価値を発見していることがわかる。

　ドナルド・ノーマンは著書『誰のためのデザイン？』において[21]、デザイン応用においてデザイナーとユーザの間の壁を取り払うことを目的として、アフォーダンスの概念をもとにしたデザイン方法論を示した。後に、デザイン応用におけるアフォーダンスの考え方は、認知心理学上のアフォーダンスが意味するものとは整合しないということで「知覚されたアフォーダンス」と言い表わされるようになってきている。

　改善活動として注目すべきは、このデザイン方法論としての「知覚されたアフォーダンス」である。これは環境やモノがうまく作られている場合、あえて詳細な設計時の想定や使い方の説明をしなくても、それが設計者・デザイナーが意図したとおりの使われ方をするということである。

　つまり、作業を簡単にするヒントは、何も作業者を教育したり、マニュアルを整備したりすることだけではなく、作業環境、モノそのものに埋め込むことができるということである。

　7.2 節以降では、ドナルド・ノーマンの『誰のためのデザイン？』[21]の内容を参考に、難しい作業を簡単にする以下の 7 つの原則について説明する。

【難しい作業を簡単にする 7 つの原則】

原則 1：外界にある知識と頭の中にある知識の両方を利用する。

原則 2：作業の構造・性質を単純にする。

原則 3：対応づけを正しくする。

原則 4：自然の制約や人工的な制約の力を活用する。

原則 5：対象の状態を見えるようにし、実行と評価の隔たりをなくす。

原則 6：エラーに備えた仕組みを用意する。

原則 7：（以上のすべてがうまくいかないときには）標準化する。

　これらを見ると、第 4 章で示した人間の限界を試す悪例が、これらの原則をいかに遵守していなかったがわかってもらえると思う。

7.2　原則 1：外界にある知識と頭の中にある知識の両方を利用する

　この原則は作業の環境を構築するうえで最も重要な、認知されたアフォーダンスの考え方の中核をなす原則である。

　この原則を議論するには、図 7.2 に示すデザインモデル、システムイメージ、ユーザモデルの 3 つの関係を理解する必要がある。ここでシステムと難し

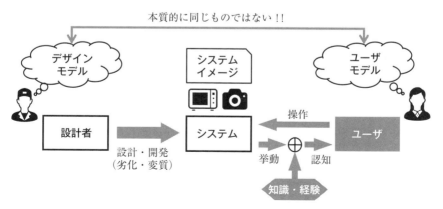

図 7.2　デザインモデル・システムイメージ・ユーザモデルの関係

い表現を用いているが、製品・サービスと読み替えて問題ない。3つのモデル・イメージの意味は次のとおりである。

【3つのモデル・イメージ】

① **デザインモデル**……設計者が実現を目指している製品・サービスの概念

② **システムイメージ**……設計・開発の結果、商品・サービスが実際に保持することになった概念。設計・開発過程においては人・資金・時間・開発能力などのさまざまな制約を受けるため、システムイメージはデザインモデルに類似してはいるもののまったく同じではないのがポイントである。

③ **ユーザモデル**……ユーザがこのように動作する・機能すると認知している製品・サービスの概念。ユーザが実際に操作してみた結果認知する製品・サービスの挙動に加えて、ユーザの知識・過去の経験が加わって形成される。

　さて、デザインモデルとユーザモデルがまったく同じであれば、そのシステムを利用するのに不便なことはないはずである。なぜならば、ユーザは設計者のようにそのシステムのことをよく知っているからである。

　しかし、ユーザは製品・サービスが設計・開発の結果として持つことになったシステムイメージを経由してでしか、ユーザモデルを獲得できない。繰り返しになるが一般に設計・開発行為はさまざまな制約があるため、システムイメージはデザインモデルより大なり小なり劣化したものとなる。よってデザインモデルとユーザモデルが何もせずにまったく同じになることは期待できない。

　これに対して知識・経験がユーザに十分あればシステムイメージの不足は補填され質の高いユーザモデルが構築されることが期待できる。つまり質の高いユーザモデルを作るためには、外界にある知識であるシステムイメージで欠けてしまう情報を、ユーザの頭の中にある知識で補填する必要があるのである。

　さてユーザの頭にある知識の量・質は当然ユーザごとに異なる。熟練者であれば豊富な知識が期待できるし、初心者であればわずかしか期待できないかもしれない。つまりどのようなレベルの知識を持つユーザを想定するかによって、システムイメージが持つべき情報の量が変わってくるのである。

例えば初心者が使う録画装置であれば、1つの操作をするたびに、次にどのような操作を選ぶことができるのか、候補を表示すべきかもしれない。これによって、この装置自体がユーザに受け渡す知識（ユーザから見た外界の知識）が大幅に増えて、ユーザモデルを構築する際の大きな手掛かりになる。

一方で、ある程度操作に慣れてきた熟練者にとって、操作をするたびにいろいろな表示が出るのは素早い操作の邪魔かもしれない。よって1つの録画装置であっても、ユーザの頭の中にある知識をどれほど使うべきかが異なる。

いずれにせよ、"デザインモデルとユーザモデルが製品・サービスの利用に応じて一致するような仕掛け"を組み込んでおくことが、難しい作業を簡単にするもっとも基本的な考え方（原則）である。

7.3 原則2：作業の構造・性質を単純にする

作業の構造を単純にするとは、つまり作業の中に人の限界を試す要素が含まれないようにすることである。この実現のために2つのアプローチを紹介する。

7.3.1 思考・記憶の手助けをし、作業の構造を単純にする

「あとでXXXをやらないとな」と短期記憶の一部を使った状態で、複雑な思考を行うことは難しい。繰り返しになるが人の短期記憶の容量は7チャンク程度しかないのである。逆に複雑な思考をした結果、後に何かすべきことを忘れてしまうことがよくある。よって複雑な思考を行う、"脳の余裕"を作ってあげる必要がある。

脳の余裕を作るとき、残念ながら思考を外部に任せることはできない。近年の人工知能・機械学習技術の目まぐるしい発展を見ると、いずれは機械が思考できるようになるかもしれないが、現時点で外部に任せるべきは記憶の保持である。

つまり思考に専念したいときは、図7.3に示すように記憶を保持する作業から脳を開放するのである。これを「記憶の外部化」と呼ぶ。記憶の外部化を可能にする具体的な方法は、紙のメモ帳、手帳、ToDo管理ソフトウェア、カレンダーソフトウェアなどさまざまであろう。

例えば具体的な例として、ある製品において10カ所の独立した（各々の結果が相互に影響を及ぼすことのない）検査項目があるとすれば、1カ所の検査項

図7.3　記憶を外部化して、脳を思考に専念させる

目が終わるごとに、検査結果を紙に記入したり、システムに入力したりできる
ような環境を構築すれば、次の検査をするときには、検査結果を覚えていなく
てもよいことになる。これは検査を実行する際に頭の中にためておくべき（短
期）記憶を削減していることになり、検査作業自体に脳を占有させる余裕を作
っていることになる。

7.3.2　作業の性質を単純にする

　6.2節の代替化と切り分けが難しいが、作業自体はなくさずに方法を変える
ことによって作業を単純にするアプローチである。別の言い方をすると、ひと
つひとつの作業を誰がやっても失敗しない作業に変更する必要がある。誰がや
っても失敗しない作業は、誰かは失敗するという人間の限界から、できる限り
離れた性質を持つと定義できる。

　このような誰がやっても失敗しない作業に変更する身近な例として、図7.4
に示すような、靴紐からマジックテープへの変更があるであろう。靴を足に固
定するという作業自体は変更せずに、靴紐を絞めて結ぶのではなく、マジック
テープを張り付けることに性質を変えることで、作業の難易度を低減できるの
である。

　靴の例をさらに深堀りすると、靴紐やマジックテープで足と靴の密着性を上
げるのはかなり難しい。そこで一部のスポーツシューズでは、空気を送り込み
靴内部の風船を膨らませることで、足と靴の密着性を高めるという方法が取ら
れている。これは靴を収縮させて足に密着させるのではなく、靴の内側を膨張
させて足に密着させるというパラダイムシフトをもたらしており、作業の性質
を変更する優れた方法である。

・靴を足に固定する
　という目的は不変
・作業の性質を完全
　に変更

図7.4　作業の性質自体を変更する例：靴紐からマジックテープへ

　作業の性質自体を変更するために一番有効なアプローチは、今までやっていた作業が結局、何を目的として行われていたのかを考えることである。

　つまり靴紐のように、「足に靴を固定すること」が目的だと気づけば、靴紐以外の方法にも気づく可能性が生まれてくるのである。しかし、「どうやったら簡単に靴紐が結べるようになるか」と考え始めてしまうと、作業の性質を変える機会を失うのである。

　ここで靴紐が単なる１つの方法であり、目的でないと気づくコツは、通常、目的には具体的な道具・製品・設備・人などが含まれないということを知っておくことである。今掲げている目的にこれらが含まれているようであれば、一歩引いて、もしくは上位の概念に上って"本当にやろうとしていたことは何か"を考えてみるとよいだろう。

Column　目的と手段の逆転

　あることがらの専門家になればなるほど、目的と手段（方法）が入れ替わってしまいがちである。

　何をするか、なぜするのか（What と Why）を考えることを忘れて、どのようにうまくやるか（How）ばかり考えるようになるのである。

　大きな企業に長くいると、この傾向はさらに強まる気がする。大きな企業では入社後しばらくは、上司の指示によく従い、間違いを起こさない社員になる教育を受ける。その結果、"そもそもの目的を考える"習慣がなくなりがちである。技術者としてある部品を設計していると、その部品をより性能が高く、そしてより安くする方法を常に模索する。しかし、そもそもその部品が何を目

的としていたのか、企業の存在価値の 1 つが顧客への価値提供だとすると、その部品はどのような価値を顧客に提供しているのか、考える機会はなかなかないだろう。

　筆者が企業と共同研究を始めるときには、必ずこの目的を深く深く議論する。企業の担当者が持ってくる依頼が、目的が不明確なまま手段を求めているに過ぎないことも多く、「本当に御社が求めているのはこういうことですよね？」と、当初の話と実際に行うテーマがまったく異なることもしばしばである。実際にはそのようなケースのほうが多いし、そのほうが成果のインパクトも大きい気もする。最近では、そもそもの目的（原点）に立ち返ること自体を、大学との共同研究の利点もしくは価値だと感じてもらえているようである。

　本書をここまで読み進めていただいた読者の方は、せっかくの機会なので、自らの業務の目的を考えてみていただきたい。その結果、今自分がやっている作業が不要なことに気づくかもしれない。前章で述べたように、作業を“排除”してしまえば、失敗が起こらない究極のフールプルーフな環境を構築できるのである。

　さて話を戻して、「誰かは失敗するという人間の限界から、できる限り離れた性質を持つ」ということには、落とし穴がある。多くの労働が経済的効果（つまり利益）を求めている以上、人間の限界から離れすぎている、つまり労働負荷が小さすぎるというわけにはいかないのである。よって、どれくらい人間の限界から離れれば適正かという問題が出てくるのである。残念ながらこの問題に対して、筆者は明確な答えを持ち合わせていない。

　ただ、教科書や公表されている文献に出ているデータをまずは参照することが重要である。しかし、公表されるデータだけを鵜呑みにするのではなく、自らの組織で“実験”を行い、検証を行うことが重要である。特に論文のデータは残念ながら国外で行われた実験の成果を発表しているものが多い。そこで得られた知見が、各々の環境・組織に当てはまるかどうか確認するには、やはり実際に検証するしか方法がない。

> 改善活動において、実験的であることはよいことである。

　人間という多様であり、バラつきを持った対象を相手にする以上、理論的に

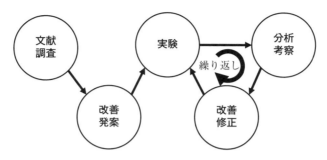

図 7.5　改善活動は実験によって洗練されていく

正しくても、実際に期待するような効果が得られるかは、保証されていない。
よって、図 7.5 に示すように、「実験→分析・考察→改善修正→実験→分析・
考察…」というループを回すことが大切である。

7.4　原則 3：対応づけを正しくする

7.4.1　対応づけの項目

　第 4 章の悪例でフィードバックや手がかりが不適切な例をいくつか紹介し
た。これらは対応づけという概念で解決アプローチを考えることができる。
　対応づけには以下のような項目がある。

【対応づけの項目】

幾何的対応：操作入力と操作対象が幾何的(形状、位置、姿勢)に類似す
る要素を持つ。これにより、操作者は正しい操作入力に関する手がかり
を得ることができる。

時間的対応：操作者が行った入力に対して、それに対応していると思え
る時間範囲内にシステムのレスポンスを発生させる。図 7.6 に示すよう
に、一定時間内に反応があることで操作者は自分の行動が適切だったの
か、不適切だったのか振り返り(フィードバック)をすることができる。

順序の対応：入力した順序とそれに対する操作対象の反応の順序が同一
となる。順序が入れ替わると、操作対象の反応がどの入力によって発生
したものなのかわからなくなる。このように順序が一致していることを
示す類似の概念として計算機科学の用語、FIFO(First In First Out)があ

図7.6　時間的対応が取れていないと、目的地にたどり着くのも難しい

る。これは最初に入力したものが、最初に出力されるということを表現している。

文脈的対応：前後の関係から考えて次に取るべきだとユーザが考えるであろう手順・行動をユーザに求める。別の言い方をすると、システムの都合ではなく、ユーザの思考順序に沿って手順を構成する。

例：入力画面で姓を入力したら、次には(年齢などではなく)名の入力を求める。

文化・慣習への対応：その作業が行われる環境において、当然だと思われている手順に従う。

幾何的対応づけについて、例を示しながらさらに説明してみよう。

7.4.2　幾何的対応づけの例

　幾何的対応づけの一番有効なアプローチは、入力と操作対象を幾何的に相似にすることである。ちょっと難しい数学的な表現になっているので、例を示しながらかみ砕いて説明しよう。

　図7.7(左)は、とある自動車のシート操作スイッチである。ポイントはスイッチがまさに座席の形をしていることである。数学的には形状が同一で大きさが異なることを相似という。このスイッチの該当箇所を触ることによって、座面を前後させたり、傾斜の角度を変更したりできる。ユーザはスイッチが座席の形をしているため、どのスイッチをどのように動かしたら、座席のどこがどのように動くかということを、直感的に理解することができる。

　しかし、このように入力と操作対象に幾何的な相似を求められる例ばかりではない。図7.7(右)は相似という条件を少し緩めて(広く)解釈した例である。

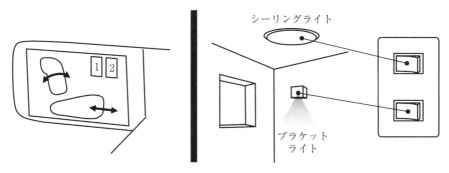

図 7.7　幾何的対応づけの良い例

照明のスイッチの上側を高いところにある照明（シーリングライト）を操作する
ものとし、その逆に下側を低いところにある照明（ブラケットライト）を操作す
るものとしている。これによって、照明の高さの上下関係とスイッチの高さの
上下関係が対応していることになり、厳密に相似を再現しなくても、操作が簡
単になることが期待できる。

　このように、形状、動かす方向、相対的な位置などを入力と操作対象で類似
させることが、幾何的に対応づけさせることになる。

7.5　原則 4：自然の制約や人工的な制約の力を活用する

　原則 3 が "対応" という前向き（ポジティブ）な原則であったのに対して、こ
の原則 4 では "制約" という後ろ向き（ネガティブ）な原則を紹介する。この原
則は "排他" とも表現することができる。つまり正しい手順、正しい作業しか
行えなくすることで、作業者の迷いをなくし作業を簡単にするのである。

　ここでは、以下の 3 つの制約を紹介する。

① 　物理的制約
② 　意味的・論理的制約
③ 　文化的制約

7.5.1　物理的制約の力を活用する

　物理的に操作できる箇所および操作の仕方を限定するアプローチである。物

理的制約でよく用いられる改善の例を図 7.8 に示す。図 7.8 は、道具の収納方法を示している。ハサミを収納しようとすると、このハサミの穴にはめ込むしかなくなり、結果として "正しい場所に片付ける" のがとても簡単になっている。

　これ以外にも、押してほしいボタンは押す以外の操作ができないように、回してほしいノブは回す以外の操作が取れないようにする、そしてパソコンのソフトウェアのメニューにおいて、現在の状態では選択できない項目は、非表示もしくは不可（Disable）状態にしておくなども、物理的制約を付与する基本的な方法である。

　よく水道のノブやボタンなどで、少し壊れ始めると一気に故障が進む場合があるが、これらは例えば本来は回ってはいけない部分が回るようになってしまうことで、作業者（ユーザ）の中に、新たに回すという選択肢が生まれてしまい、結果として故障につながる回すという行動を誘発してしまうのである。

　このような場合に「このボタンは回さないでください！」と注意書きを書くのは、あまり有効ではない。少しでも回ってしまうボタンは、回すという行動・選択肢を人に Afford（与えて）してしまうのである。よって、回らないように頑丈に固定する、もしくは物理的に回らないようにすることが、もっとも基本的かつ有効な方法となる。

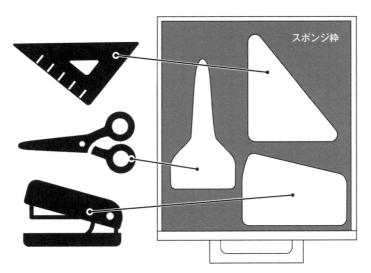

図 7.8　物理的制約の例（引き出しへの文房具の収納）

　このように、物理的に失敗できないようにするのは、フールプルーフ(誰も失敗できない)という意味で、改善におけるもっとも強力なアプローチの1つとなる。

7.5.2　意味的・論理的制約の力を活用する

　意味的・論理的制約とは、目的や効果から考えると、その手順・操作しか採用されないようにするアプローチである。意味的・論理的制約のわかりやすい例に、パソコンのデスクトップ画面に置かれている"ゴミ箱"がある。みなさんご存知のように、このゴミ箱は不要なファイルやフォルダをドラッグ＆ドロップすることで削除することができる。

　ゴミ箱という「ゴミを捨てる場所」という目的・意味を考えると、ユーザは不要なファイルしか、その中には入れようとしないであろう。これが通常のフォルダと同じ見た目であると、誤ってファイルが削除されてしまうこともあるかもしれない。

　Webページのデザインにおいて、クリックできる部分はボタンやハイパーリンクらしいクリックできる見た目をしているべきだし、クリックできない部分は平文や背景らしい見た目をしているべきである。これに反して、ボタンのような見た目をしているのに、クリックできないとそのページの訪問者はクリックできない部分を何度もクリックしようとして、操作が難しいページになってしまう。

　他にも、例えば申請書類に西暦で誕生年を記入してほしいとする。すると図7.9のように、最初の二桁を「19」か「20」のどちらかを選ぶように選択肢を提示しておけば、意味的に元号で記入されることはなくなる。

　また機械の組立作業などにおいて、部品の取付け忘れを防止したいならば、取り付けるべき部品をすべて1つのトレーに入れておくという方法がある。論理的に考えて、組立てが正しく完了しているのであればトレーは空になっているはずなので、部品をつけ忘れてトレーが空になっていない場合には、自然と組立作業者に"組付け忘れを探す"行動を起こさせることができる。

図 7.9　意味的・論理的制約のシンプルな例

以上のように意味的・論理的制約は、その制約が狙うところを作業者(ユーザ)に伝える必要があるため、物理的制約と比べるとやや間接的な手法であり、取り扱いに慣れと工夫が必要である。

7.5.3　文化的制約の力を活用する

文化的制約は、文化的、慣習的(ときに法的)に当然とされていることを、そのまま利用するアプローチである。

例えば図7.10に示すような前後対称形状の移動ロボットが、どちらに進むのかを表現し、ロボットと人との干渉を回避したい場合、ロボットの進行方向のライトを白色(または黄色)にし、進行方向とは逆のライトを赤色にする。

この白(黄)と赤の組合せは、まさに自動車のヘッドライトとテールランプの組み合わせであり、ロボットの移動環境に居る人に、わざわざ教えなくても、推察することができる。

これ以外にも、通常の作業では触れてはいけない部位を黄色と黒の縞模様で塗装するなども、危険色というものが自然と警告の意味を伝えることができる文化的制約を活用したよい例である。

ただし、4.6.2項でも示したように、色の意味するところは、国や地域によって異なる。よって1つの場所でうまくいった制約が、いかなる場所でもうまく働く制約とは限らない。文化・慣習の違いに十分に配慮しながら導入する必要がある。

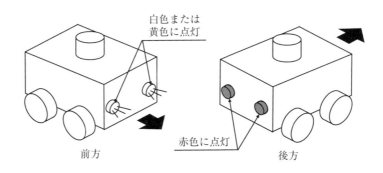

図7.10　文化・慣習に沿った制約を用いることで説明が不要になる

7.6 原則 5：対象の状態を見えるようにし 実行と評価の隔たりをなくす

　この原則を実現するためには、対象の状態を見えるようにするステップと、その結果、実行と評価のループが円滑になるようにするステップの 2 つがある。

7.6.1 これまで見えなかったものを見えるようにする

　改善において「見える化」と呼ばれ、重要視されている取組みである。操作・管理対象の状態を観察したり、評価したりする際の手助けとなるアプローチである。見える化には次の 3 つのレベルがある。

(1) レベル 1：これまで提示されてこなかった情報・状態を公開するレベル

　これまで組織のある限られた担当者だけが見ていた数値、もしくはあるセンサだけが観察してきた設備の状態を、誰もが見やすい状態で開示する「見える化」である。このレベルが見える化の一番の基本となる。ある担当者が時間をかけて作ったグラフや表を隣の部署に公開したら、どう受け止めるであろうか？同じグラフや表でも、立場が変われば見方が変わるし、活用方法も変わるはずである。

　また生産設備やパソコンの内部状態などは、そのままでは人が見ることができないものも多い。これに対して図 7.11 に示す Windows のタスクマネージャのように、パソコン内部(CPU やメモリ)の状態を表示することで、人や機械の内部の状態を知ることができるようにするのも見える化の 1 つである。

(2) レベル 2：今までも情報収集および分析を行えば見えていたものを、手軽に見えるようにするレベル

　例えば自動車の燃費計は、燃料効率の高い運転をするのに非常に有用である。もし燃費計がなくて、燃料残量表示と走行距離計の 2 つが表示されているだけだと、それらから瞬時に現在の燃費(燃料 1 リットル当たりで走行できる距離)を計算することは容易ではない。さらには近年の乗用車には、アクセルワークに応じてどれくらい燃料節約効果があるのかを示すエコランプやエコスコアが搭載されている。これによって、環境保護や経済性に意識の高いユーザ

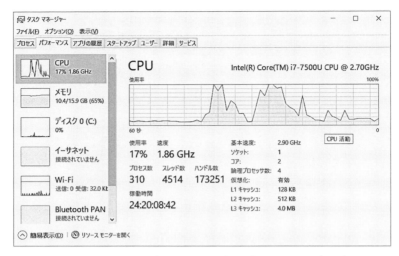

図 7.11　レベル 1 の見える化：タスクマネージャがなければ、パソコンの
中で何が起こっているかを人間は見ることができない

はアクセルを緩めて燃費を高くすることができる。

(3)　レベル 3：新しい計測原理・分析方法を発明して、これまで得ることのできなかったデータを表示するレベル

　レベル 3 では、見ることができるようになれば作業が簡単になる直接的な情報を、新しい原理・方法で提示する。例えば医療用の 3 次元 CT スキャンが具体的な例である。2 次元の X 線画像をどれだけ頭の中で組み立てようとも（よほどの達人以外は）、立体的に捉えることは難しかったであろう。現在は歯や骨の形状も 3 次元的に得ることができる。

　レベル 3 の見える化はとても高い効果が期待できるが、開発にも実装にも大きな費用がかかる。よって改善活動では、まずはレベル 1 またはレベル 2 の見える化から実行を試みるのがよいだろう。

　つまり、今まで公開されていなかった情報または今まででも時間をかけて情報取集・分析をすれば見れた情報を、もっと簡単に、誰でも、いつでも見られるようにすることで、目的とする作業が簡単にできるようにするのである。このアプローチは人が自らに適切なフィードバックを与える仕組みを用意する取り組みと捉えることができる。

7.6.2　明示的なフィードバックを与える

　対象の見える化が適切に行われ、作業者が対象に対して行っている行動のフィードバックを受け取れるようにすることで、図7.12(上)のように、作業者は自らが実行した行動を逐次評価することができるようになり、一周後のループでは実行する行動を変化させることができる、結果としてその作業は簡単になる。一方の図7.12(下)のように、見える化もフィードバックもない場合に、対象を自分が望む状態にするためには、一回の行動の実行で確実に目標を達成する必要がある。

　よほど簡単な作業でない限り、このように事前の1回の計画だけで、目標状態に達する(もしくは収束する)ことは難しいであろう。例えば多くの人にとって難しくない、手で物をつかむという行為も、最初に物を見た後に目を閉じ、手指の感覚が使えないほど分厚い手袋をした状態では、なかなかうまく実行するのは難しい。

　ここで言う"対象"は機械システム・情報システムはもちろんのこと、人と人のやり取りでも同じことが言える。例えば、電子メールを送っても返信がないと受け取ってくれたのかどうかがわからない。LINEで既読が付いても、返信がないと了承したのかどうかはわからない。

　ちなみにフィードバックという概念は、制御工学の中で確立された概念である。フィードバックループがある制御構造のことをクローズドループとも言い、その逆にフィードバックループがない制御構造のことをオープンループともいう。

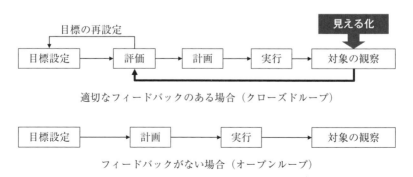

図7.12　対象の見える化と適切なフィードバックがある場合(上)と対象の
　　　　状態も見えずフィードバックもない場合(下)

図 7.13　作業者の行為を受け付けて、変化が起きていることを示すプログ
　　　　　レスバー

　ここでいうフィードバックは、実行した行動の結果である必要は必ずしもな
い。むしろ行動を受け付けたという“状態”を表示することが最低限必要であ
る。この代表例がパソコンの画面においてマウスが時計マークに代わる表示
や、何か時間のかかる処理を行うときに表示される、プログレスバー(図 7.13)
であろう。

　これらは、対象に臨む変化が起きたかどうかをフィードバックしているわけ
ではない。しかし少なくとも“対象に何かしらの変化が起きようとしている”
ことをフィードバックしているのである。これにより、作業が進んでいるかど
うかわからないという不安はなくなるし、不必要な行動を起こしてしまうこと
を避けられる。

　また、フィードバックが正しくない場合、作業者は自分に見えるものに対し
て説明を勝手に作り上げる、そしてその説明は間違いであることも多い。しか
し、少なくとも“勝手に作り上げられた説明”は作業者にとって、得られた情
報を理解するには十分局所的に合理的なはずである。

7.7　原則 6：エラーに備えた仕組みを用意する

　原則 1 で示したように、原理的に設計者が思い描くデザインモデルとユーザ

がシステムを介して構築するユーザモデルには不整合が生じる可能性が高い。不整合がある以上、エラーは多かれ少なかれ発生する。そこで、エラーに備えた仕組みを用意することで、その作業を簡単にすることができる。エラーに備えた仕組みの 1 つは、別の言い方で脱出性や初期化可能性と表現することもできる。すなわち、作業者の操作・行動が間違っていたときに、必ず最初または特定の作業者がよく理解している状態からやり直せるという仕組みである。

　作業者にとって、一連の複数の操作で望むような結果が得られなかったとして、「最初からやり直せる」のは、大きな安心につながる。その反対にやり直しが効かずに、これまでの操作・行動の履歴をすべて踏まえて次の正しい行動を考えなければならないとしたら、どうだろうか？ "すべての履歴" と表現した時点で、それが人間の記憶の限界を試していることがわかるであろう。この脱出性や初期化可能性の実現においては、パソコンのユーザインタフェース関連の技術が進んでいる。パソコンで実装されているエラーに備えた仕組みでは、以下のような 2 つのレベルがある。

① **レベル 1 ：望ましくない行為・操作をユーザがした場合でも、元の状態に戻せるようにしておく**

　例えば、ほとんどのアプリケーションソフトウェアが備えている、UNDO（やり直し）機能、削除するファイルをゴミ箱で一時保管するという手順、オペレーティングシステムをある時点の状態に戻すことができる "システムの復元" などがあげられる。

② **レベル 2 ：元に戻せない行為・操作はやりにくくしておく**

　例えば、パソコンの操作において、ゴミ箱を空にするためには、「ゴミ箱を空にする」コマンドを選択した後に、確認画面で OK を押すという煩雑さをあえて加えている。

　パソコン内での作業と異なり現物を伴う作業では、レベル 1 のように元の状態に戻せることばかりではない。この場合にはレベル 2 の対応が重要である。例えば、かつては事故の多かった金属プレス加工機では、図 7.14 に示すような 2 つの直列スイッチを同時に押さないとプレス動作が開始しないようになっている。

　これによって、両方の手がそれぞれのスイッチと接していることになり、結果として手がプレス加工機に挟まれることを防いでいる。このような "操作のやりにくさ" をあえてつくることで、プレス加工という行為が危険であり、や

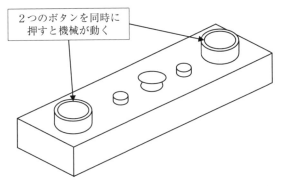

図 7.14　元に戻せない操作はやりにくくしておく
（金属プレス加工機の操作ボタンの例）

り直しが効かない行為であることを作業者にはっきりと伝えることができる。
そして、やりにくい操作・行為を行うときは、本当にこの行為をしてよいの
か、一瞬ためらい・考える時間ができる。この考える時間こそが、不要な失敗
をしないためには有効になるが、残念ながら、この "やりにくさ" にも、人は
慣れてしまう。そして慣れてしまった "やりにくい操作" には、人に考える時
間を与えるという効果がない。

7.8　原則 7：すべてがうまくいかないときには　標準化する

　原則 1～6 のすべてがうまくいかないときは、ある作業をする手続き、シス
テムを操作する方法を標準化する。そして標準化した手続きを作業者・ユーザ
に周知・教育することによって、デザインモデルとユーザモデルの不整合を補
正し、作業を簡単にする。

　作業を簡単にすると書いたが、標準化によって 1 台の機械単体またはあるシ
ステム単体が使いやすくなるわけではない。一方で、標準とする仕組みがどれ
だけ設計者の恣意的なもの（設計者にとってのみ合理的なもの）であったとして
も、一度それを学べば、その後に類似の機械やシステムを操作するときに "簡
単になる" のである。

　しかし、標準化には以下のような問題がある。これらを理解・覚悟したうえ
で導入する必要がある。

① **問題 1：標準化にかかわる人間が複数いる場合、合意に達するまで手間がかかる**

　一般に機械やシステムが普及するよりもかなり前に標準化を行わなければならない。複数の関係者が各々の利害を追求するような状態になってからでは、標準化はうまく行かない。例えば、自動車の右ハンドル、左ハンドル（そして走行車線）が国際的な標準化がうまく行かなかった例である。

② **問題 2：標準化が早すぎた場合、新しい技術・枠組みを取り入れられない**

　ある機械・システムの使い方が簡単にならないときに、苦肉の策で取り入れた標準化が、後の技術発展の障害になる場合がある。

　例えば、パソコンのキーボード配列（QWERTY キーボードと呼ばれている）は、キーを早く打つのに最適なものでは必ずしもない。これはもともと、タイプライターを早く打ちすぎるとハンマーが絡んでしまうという不具合があったため、あえて打ちにくい配列にして、不具合が発生するのを避けたとの説がある。タイプライターのように機械的な構造がなくなったパソコンのキーボードでも標準化の影響を受けて、同様なキー配列を採用した結果、キーボード入力は初心者には相当に長い時間をかけて訓練をしないと、望むような早さで作業ができない難しい作業になってしまった。

　一方で、スマートフォンが採用している「フリック入力」と入力された最初の数文字から単語が予測される「予測入力」は、このようなしがらみから抜け出すために生み出された技術のため、初心者にも比較的自然に受け入れられている。

　これ以外にも、図 7.15 に示すように、アナログ時計を読むのも時間を直感的に理解するという意味で、簡単な作業といえない。そもそも 60 分と 1 時間が同じであるという換算も、なかなかやっかいなものである。さらに、1 日に

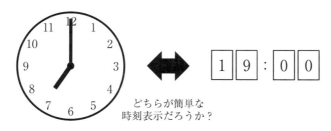

どちらが簡単な
時刻表示だろうか？

図 7.15　標準化が後世に及ぼす影響の大きさ（アナログ時計の例）

2回、同じ読み方の時刻がやってくるのである。事実、幼稚園や小学校で時計の読み方をわざわざ教えるのは、それが難しい作業だからであろう。

第8章

人間工学的なモノの見方による
具体的な改善の例

　この章では、これまでの章で説明してきた、人間工学的なモノの見方、人間の限界、改善対象の発見、改善課題の抽出、そして難しい作業を簡単にする原則の知識を用いた改善の具体例をいくつか示す。この章の具体例を知ることで、これまでに学んできたことを、どのように使えばよいかを伝えることが、本章の目指すところである。

8.1　人に優しい型番・整理番号の付け方

　型番や整理番号を付けることで、複数のモノを簡単に区別したり、順序を付けて並べたりすることができるようになる。これは、しごく当たり前のことであるが、意外に現場(特にオフィス)では活用されていないケースが多い。

　筆者はパソコンの(頻繁に利用する)フォルダには、必ず2桁の整理番号を付けている。この番号はフォルダのジャンルを示しており、番号が近いものは、画面の中でも近くに表示されるようになる。また、このように番号を与えておくと、フォルダにアクセスするときに、番号さえ覚えてしまえば、キーボードで簡単に目的のフォルダに移動することができるのである。

　例えば「「C:\Users\daresore\02-document\03-Estimate」などのようにフォルダを作っておくことにより、"02→Enter→03→Enter"とキーボードを使って目的のフォルダにアクセスできる。キーボードのタッチタイプ(キーボードを見ずにキーを打つこと)ができる方であれば、マウスを使って目的のフォルダにカーソルを位置決めして、ダブルクリックするよりも、圧倒的に早くフォルダ間の移動ができるようになる。つまり、このようにフォルダ固有の番号を付けることによって、3つの優しさが生まれるのである。

【フォルダ固有の番号を付けることで生まれる 3 つの優しさ】

優しさ 1……複数のフォルダをフォルダ名以外で明確に区別できるように
　　　　　　なる。

優しさ 2……グループ分けが明解になる。

優しさ 3……フォルダを素早く指定できるようになる。

8.1.1　型番や整理番号を付ける際のポイント

　さて、型番や整理番号を付ける際には、連続性、一貫性、独自性、弁別性、意味性、再利用性の 6 つの性質・性能を考慮する必要がある。

(1)　連続性

　連続性とは、数字が連続的に増えたり、減ったりすることである。例えば、書類の番号で、「新しく作成したものほど数字が大きい」というルールを決めておけば、書類を作成順序に並べることが可能になる。また他にも、番号を連続的に付けておくことで、紛失や未回収を容易に認識できるようになる。例えば 100 個のものがあって、1 から 100 までの通し番号を付けておけば、数字の昇順に並べて、7 の次が 9 になれば 8 が欠如していることを容易に把握することができる。

(2)　一貫性

　一貫性とは、型番の付け方に一定のルールを持たせ、そのルールを知っているものであれば、型番からおおよそのものが推定できるということである。また、類似のものは似ているような番号・記号を付けるということも重要である。例えば、図面番号が 10 桁であるとすると、前半の 5 桁は同じ製品であればすべて同じとし、後半の 5 桁を部品によって変更するなどの工夫が必要である。

(3)　独自性

　独自性とは、異なるものにはできるだけ異なる番号、記号を付けるということである。また、さらに独自性の役割を拡大して考えると、ちょっとした数字、記号の間違いによって、まったく異なる物のことを同じ物であると示さな

いようにするということである。みなさんもちょっとした製品番号の違いに気づかずに、意図しない製品を買ってしまったことはないだろうか？　例えば最新機種の型番が "VA-4851" で、一年型落ちしたものが "BA-4851" だとすると、隣接する V と B のキーボードを打ち間違えて入力する、口頭で伝えるときに V と B を聞き間違えるなどの失敗が発生しそうである。

(4)　弁別性

　弁別性とは、見ただけで瞬間的に同じものなのか、異なるものなのか判断できるということである。大抵の数字や記号は弁別性が高いと思われがちだが、最悪のケースが重なると弁別性が下がってしまうこともあり得る。図 8.1（左）の 5 桁の数字・記号の違いがわかるだろうか。

　左は 5 桁の数字、三万五千九百二十八である。一方の右は三十五と英語の Q と二十八が組み合わさったものである。このように説明されれば区別ができるが、フォント、筆跡、呼び方・発音（9 と Q）によっては見分けがつかない場合があるのである。今回、わざとこのような場合を選んだが、もし商品番号をシステムが自動的に付与するような仕組みを採用している場合、数字とアルファベットを組み合わせるという単純な条件では、十分に起こり得る例である。これも一種の「自動化の驚き」（6.3 節参照）と言えるかもしれない。

　さて、図 8.1（右）の型番 2 つはおそらくゆっくり見れば、容易に区別できるであろう。しかし、アルファベットの後に 2 回続く数字があるという特徴を人に強烈に残してしまうのが問題となる。人は短期記憶の限界から、数字をそのまま覚えるわけではなく、ある特定の特徴付け（ときには意味付け）を行う。そのようなときに、「どの数字が 2 回続いたか」よりも、「ある数字が 2 回続いた」というわかりやすい特徴で、ものごとを認識してしまう可能性がある。よって、「アルファベット AZC のあとに、4 から始まり、数字が 2 回続いたもの」という特徴付けには、どちらも当てはまるため、これらを区別することが難しくなってしまうのである。この場合も "AZC44-26" と "AZC42-26" のようにハイフンを途中に挟むだけで特徴が変化し、弁別性の向上が期待できる。

$$35928 \iff 35928 \quad | \quad AZC4426 \iff AZC4226$$

図 8.1　弁別性の低い型番・整理番号の例

(5)　意味性

　意味性とは、付与した数字・記号から、モノ・文書の概略を推察できるようにするというものである。例えば "2014-HNL-013-fukui-00" という文書の番号を付与したら、この文章は 2014 年の文章であり、fukui が作成したことを、わざわざ教えなくても、(少なくとも同じチームの中では)自動的に推察してもらえるだろう。

(6)　再利用性

　型番、整理番号を付けるうえで最後にもう 1 つ気をつけるべき議論が、再利用性である。例えば 6 桁や 7 桁の番号を使っていると、すぐに番号が枯渇し、すでに使われなくなった(例えば生産が修了した商品の)番号を再利用したくなる。しかし、作業者・ユーザが必ず番号と指し示す対象を確認してから、作業を開始したり、発注したりするとは限らない。よって、番号の再利用は避けるべきであり、そもそも最初の番号付けのルールを決めるときに、今後の発展を踏まえて、桁数や利用可能な文字(数字・英字・記号)の種類を検討しなければならない。

8.1.2　人に優しい・優れた商品番号付けの例

　この連続性、一貫性、独自性、弁別性をうまく活用している会社がアールエスコンポーネンツ株式会社である。この会社は電気電子部品のオンライン通販会社であるが、その商品番号の付け方に図 8.2 に示すように、人に優しい工夫がしてある。商品番号は 6 桁ないしは、7 桁の数字で表されるが、ハイフンの前の数字は類似の商品では、できる限り同じ数字をとるようになっている。

　一方のハイフンの後ろの数字は、商品の詳細な仕様を表現する部分である。例えば抵抗の値の大小を表す。ここで抵抗値の大小に沿ってハイフンの後ろの値の大小も変化するが、一方で値は連続的にはなっていない。

　ちなみに、そもそも抵抗というのは不連続な値しか用意されておらず、細かな値に調整したい場合には、これらの抵抗を直列または並列に接続する、または抵抗値が任意に変更できる可変抵抗を用いるものである。

　この工夫によって、例えば抵抗を購入するユーザの僅かな入力ミスによる、誤った抵抗値の商品の購入を防止している。例えば "163-944" という型番を入力しても、その番号には商品が割り振られていないため発注手続きがエラーと

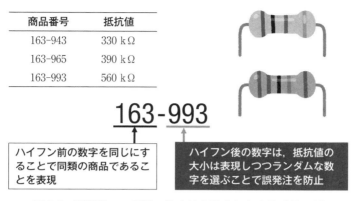

商品番号	抵抗値
163-943	330 kΩ
163-965	390 kΩ
163-993	560 kΩ

163-993

ハイフン前の数字を同じにすることで同類の商品であることを表現

ハイフン後の数字は，抵抗値の大小は表現しつつランダムな数字を選ぶことで誤発注を防止

図 8.2　連続性、一貫性、独自性を満たした商品番号の例

なり、購入者は自分の入力ミスに気づけるのである。

8.2　誤った情報伝達を防ぐ

　情報伝達を正しく行うことは、複数人での共同作業を円滑に行うには欠かせない。しかし、往々にして情報伝達の不具合によって、期待とは異なる結果がもたらされ、その対処に相当な時間と労力が必要となることがある。この節では、よくある情報伝達におけるトラブルを取り上げ、それがなぜ発生してしまうのか、そしてそれを防ぐにはどのようにしたらよいかを示す。

8.2.1　電話での口頭による情報伝達の限界とその補填

　口頭による情報伝達には、以下のような利点と欠点がある。

【口頭による情報伝達の利点と欠点】

① 　早い。

② 　手間がかからない（手軽である）。

③ 　情報が記録されないため、後ほど見直すことができない。

④ 　音声のまま記録に残すと大きな容量になる、聞き直すにも相応の時間が必要になる。

　口頭による情報伝達のよさは、圧倒的なスピードであろう。情報の準備をし

たり入力したりする時間もないことから、早く、大量の情報を伝えたいときに適した手法である。しかし、録音などをしない限り、後から内容を確認することができないため、一度送り手と受け手の理解に不一致が生じてしまうと、それを元に戻すことは困難である。

　また、直接顔を合わせての相談が難しい場合、電話または Web 会議システムなどを用いて、情報のやり取りをする。これは遠方からの参加者の移動時間を削減できるという意味で、非常に効率的な方法であるが、音声データをリアルタイムに通信するためには、音声データのサイズを小さくする特別な処理が行われている、ということを理解しておかなければならない。

　特に、電話での音声のみのやり取りの場合と直接顔を合わせたやり取りの場合との間には図 8.3 のように、そもそもの情報量に大きな違いがあり、すなわち電話による会話では、多くの情報が欠けているということを知っていなければならない。

　図 8.3 で圧縮されたと書いたが、電話における音声データは図 8.4 のように、人の声が持つ、または人が聞こえる音の成分（正確には周波数）の一部を切り取って送付しており、情報が欠けているということを意識しなければならない。

　このように欠けた情報は、「話し手はこのような話をしている」と聞き手が

図 8.3　顔を合わせての相談に比べて電話の音声のみで伝わることは少ない

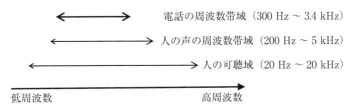

※周波数：数字が大きい（周波数が高い）ほど高い音を示す。

図 8.4　電話では人が発している音声がそのまま送られているわけではない

思い込むことによって、情報を補完しているのである。

　日常、頻繁に行われるルーチンワークのやり取りであれば、この補完はうまく行くかもしれないが、非日常的なやり取りの場合、話し手が伝えようとした元の情報が正しく再現されているとは限らない。

　よって、電話やWeb会議での打ち合わせ後は、そこで決まったことを書面、電子メールなどで議事録として簡潔に記録し、打ち合わせの参加者で共有することを組織内に根付かせることがこの問題を解決する改善方法となる。これは直接顔を合わせての相談においても、情報の保存という意味で有効である。

　記録を残すために、電子メールやチャットツールで相談をすることを、「よし」としている組織もあるようだが、文字には話し手のニュアンス(声色が示す、肯定的・否定的な感情など)がすべて含まれるわけではないということ、そして何よりも相談の文言すべてをキーボードで入力するのは、非常に時間のかかる作業であり、人の限界を試していることになる。

　もし御社の社員が「電子メールのやり取りをすることが仕事だ」と思っているようであれば、電子メールは情報通信の1つの手段に過ぎず、その情報通信が目指しているそもそもの目的を気づかせなければならない。

　すべてを文字に起こす方法と比べると、決まったことだけをキーボードで文字に起こし、外部記憶に保存し、いつでも検索可能にするほうが、人間工学的には優れた方法である。

8.2.2　裏紙利用による誤情報発信を防ぐ

　環境保護および経費削減の観点から、プリンタでの印刷の際に両面印刷をしたり、裏紙を利用したりすることを推奨している組織も多いであろう。

　この裏紙利用にまつわる、とある工場Aの事件がある。ある日のこと、検収担当者から「3カ月前に工具商社Bに発注したものと、まったく同じものが発注もしていないのに納入された。」との連絡があった。工具商社Bに問い合わせたところ、確かに発注のFAXが届いているとの回答であった。なぜ、このような事件が起きたかみなさんはおわかりになっただろうか？

　そう、この工場Aでは資源節約のため、使い古しの裏紙をプリンタ用紙として用いる習慣があった。今回、他の社員がまったく別の発注でFAXを送信するときに、裏表を間違えてFAXに差し込んでしまい、本来送るべき発注書とは、異なる内容が工具商社に届いてしまったのである。

さて、この問題に対して「確認不足」とするのは誤った考え方であるのは、もう納得してくれているだろう。たしかに、(A)FAX を送信するときに、気をつけていれば裏表を間違えない(かもしれない)、(B)商社が気を利かせて、電話くらいしてくるべき(なのかもしれない)。しかし、上記の指摘は、いずれも自分の行為の周辺には誤りがあるかもしれないと、人が注意を払っていることを前提としており、日常的に行われている業務の中では、期待することができない確認行為なのである。

では具体的にこのような事件が起きないようにするためには、どうしたらよいだろうか。答えは「注意を払わなくても気づく仕組みを作る」、もしくは「別の必要な作業をすることで自然と誤りに気づく仕組みを作る」ことである。以下に例を示す。

【気づきを促す仕組みの例】

例1：送信した FAX 用紙には「送信済み(無効)」などのスタンプを押す
　　　→相手側が「無効」と書かれている違和感に気づく可能性を作る。

例2：発注の FAX を送信するときには必ず発信の日付を大きく書く。

例3：納品書にこちらの発注日時を記載させる
　　　→相手側が日付ミスに気づく可能性を作る。

この3つの改善方法の例に共通するポイントをおわかりだろうか？それは、情報伝達ミスを発信者ではなく、受信者に気づかせようとしている点である。繰り返すが、人がある行動を起こすとき、その行動はその当人にとっては、正しい行動をしている(はずな)のである。よって、本人に誤りを気づかせることは容易ではない。

しかし、情報を受け取る側は、その行動に関してまだ十分に情報を得ていないため、思い込みが発信者に比べれば少ない(と期待できる)。よって誤りや違和感に気づく可能性が高まるのである。

これは電子メールの送受信でみなさんも体験しているのではないだろうか。メールの誤字・脱字はメールを作成している本人は気づかずに、受け取った側が気づき、指摘をするケースが多い。これはメールを作成している本人は、「このような文章を書きたい」という思い込みが頭の中にでき上がっているため、タイピングした文章が、実際には頭の中の文章とは(誤字や脱字により)異

なるにもかかわらず、その差異に気づけないのである。

一方でメールを受け取る側は、最初から順を追って文章を読み解く必要があるため、文章が読めない、つながらないという事実から誤字・脱字を発見できるのである。

このように、失敗の直接の原因を作った部分をなくすのが難しい場合でも、次の工程も合わせて考えると改善の可能性が広まってくるのである。

8.3 間違いを探しやすくする工夫

たとえ間違いがあったとしても、簡単に間違いを見つけることができれば、間違えた本人もしくはその次の工程の人が間違いをすぐに修正できるかもしれない。

この8.3節では、間違いを探しやすくする小さな工夫を紹介する。まず表8.1に示すクイズに挑戦してもらいたい。今、縦に10行の表がある。各行のAからJまでには、どこか1カ所だけ '1' の数字が入り、それ以外には '0' が入る。1〜10行目の中に、このルールが守れていない行がある。何行目かわかるだろうか？

答えは6行目と8行目にルール違反がある。6行目には、2つの1が含まれ、8行目には1が1つもない。

表8.1　間違い探しクイズ

	A	B	C	D	E	F	G	H	I
1行目	0	0	1	0	0	0	0	0	0
2行目	0	0	0	0	1	0	0	0	0
3行目	0	0	0	0	0	0	0	1	0
4行目	0	0	0	0	0	0	0	1	0
5行目	0	1	0	0	0	0	0	0	0
6行目	1	0	0	0	0	0	1	0	0
7行目	0	0	0	0	0	1	0	0	0
8行目	0	0	0	0	0	0	0	0	0
9行目	1	0	0	0	0	0	0	0	0
10行目	0	0	0	0	1	0	0	0	0

　さて、この問題、みなさんは簡単だと思ったに違いない。そう、誤りが含まれているとわかっている表から、誤りを探し出すのはそれほど難しくない作業である。しかし、現実には誤りがあるかないかわからない表を"確認"しなければならないわけで、このクイズのようには簡単にはいかない。

　では、この間違い探しを簡単にする1つの方法を教えよう。今度は表8.2を見てほしい。

　表8.2では、先ほどの表の一番右に、AからI列の数を足した合計が表示してある。ルールでは、各行のAからJまでには、どこか1カ所だけ'1'の数字が入り、それ以外には'0'が入るので、この合計値は1であるはずである。たしかに、6行目の合計値は2であり、8行目の合計値は0であり、これらに誤りが含まれていることがわかる。何より、本来1しか含まれてはいけない列に、1以外があるのを発見するのは、とても簡単な作業である。なぜならば短期記憶にとどめているのは、今どこの行をチェックしているかと、チェックしている値が1であるかないかの"たった2つだけ"だからである。

　もちろん、この方法にも落とし穴がある、一番右側の列が正しい合計値を"自動的に計算"してくれていると信じているが、それを保証する方法はない。何らかの手違い(表計算ソフトでは、よく合計値を求める範囲の指定間違いなどがある)により、合計値に誤りがあり、「自動化の驚き」が発生しているかもしれないということは、知っておかなければならない。

表8.2　表の中の間違いを探しやすくする工夫

	A	B	C	D	E	F	G	H	I	A~I列の合計
1行目	0	0	1	0	0	0	0	0	0	1
2行目	0	0	0	0	1	0	0	0	0	1
3行目	0	0	0	0	0	0	0	1	0	1
4行目	0	0	0	0	0	0	0	1	0	1
5行目	0	1	0	0	0	0	0	0	0	1
6行目	1	0	0	0	0	0	1	0	0	2
7行目	0	0	0	0	0	1	0	0	0	1
8行目	0	0	0	0	0	0	0	0	0	0
9行目	1	0	0	0	0	0	0	0	0	1
10行目	0	0	0	0	1	0	0	0	0	1

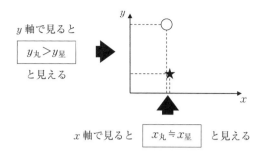

図 8.5　普段と見ている方向を変えると違いが
　　　　わかる

　さて、この誤りを発見しやすくする工夫を、もっと一般論として説明すると、普段とは見ている方向を変えて、状態を見えるようにするということになる。図 8.5 に見ている方向を変えることの有効性を示す例を示そう。

　図 8.5 の x 軸から見ていると、丸と星の値には、大きな違いがないように思える。しかし、y 軸から見ると、丸と星がまったく異なる値を持つことがわかる。このように、いつも見ている x 軸からだけだとわからない違いが、y 軸から見るとはっきりとわかり、この違いが間違いであれば容易に発見できるのである。

　しかし、いつもと異なる方向から見る方法を思いつくには、相当な訓練が必要である。先ほどの表の例では、「列の中の 1 つだけが 1 であり、他が 0 である」というルールを、「合計すれば 1 になる」という異なる見方に変換した。数学的に等価かつ、結果として人間にとって判断が容易な値への変換が 1 つのヒントになるが、これ以外にも例えば、統計的な分析をする際の、最大値、最小値、平均値、中央値、標準偏差などの統計量の考え方も役に立つであろう。

　例えば 1 つだけ他の値と異なり、非常に大きな(小さな)値が入力されていると、これらの統計量のうちいくつかは、通常とは大きく異なる値を取るはずである。

8.4　視覚に加えて触覚・嗅覚を活用する

　人は視覚からとてもたくさんの情報を得ている。そのため、視覚情報によって、"新しい改善"をしようとするのは難しいかもしれない。しかし、視覚に

触覚や嗅覚の判断を加えることで、作業対象の状態がもっと"見える"ように
なることが期待される。

8.4.1　触覚の活用

人の触覚は視覚（10^7 bit/s）に継ぐ大量の情報（10^6 bit/s）を送信可能な知覚で
あるといわれている。触覚は手先や口などの一部の場所に集中して感覚器が密
集しており、マイスナー小体が変形することによって神経に電位を発生させ、
脳へと情報を伝達している。

手先におけるマイスナー小体の密度は 10〜15 個 /mm^2 といわれており、1
ミリの 1/10 の形状変化を指の腹は知覚できることになる。

自動車のボディの最終検査では、僅かな傷や凹みがないかをライトを用いた
視覚検査に加えて、人の指で触る触覚検査を行っている。このように、人は手
触りによって多くの異変を感じることができる。

そこでたくさんのボタンとノブが並んだ機械の操作盤があるときに、図 8.6
に示すように、日常使うボタンとそれ以外のボタン、ノブの形状を変更してお
く、という工夫は、誤った操作を防止するのに有効である。つまり、ボタン・
ノブに触れて操作しようとした瞬間、いつもと異なる手触りに操作者が気づ
き、動作の実行をためらうことが期待できる。

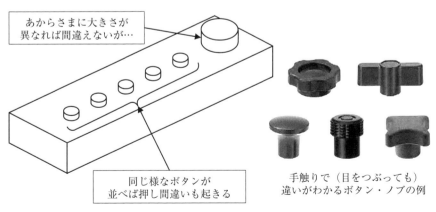

あからさまに大きさが
異なれば間違えないが…

同じ様なボタンが
並べば押し間違いも起きる

手触りで（目をつぶっても）
違いがわかるボタン・ノブの例

（ボタン・ノブの写真の出典）　FA 用メカニカル標準部品カタログ 2018 レバー・ハンドル・
ノブ 株式会社ミスミ
https://jp.misumi-ec.com/archive/pdf/fa/2018/18-48.pdf
図 8.6　ボタン、ノブの形状を変えることによって誤操作を防ぐ

8.4.2 嗅覚の活用

嗅覚では分子単位で物質の有無を判断できる場合がある。例えば都市ガスには、漏れ検知のために付臭剤と呼ばれるものが混ぜられている。玉ねぎの腐ったような匂いがするのは、tert-ブチルメルカプタン（TBM）と呼ばれる成分である。この TBM の嗅覚閾値（匂いを感じるか感じないかの境）は体積比で 2.9×10^{-5} ppm である。体積パーセンテージで表すと、2.9×10^{-10}% となり、この数字を見るだけでも、人の嗅覚がいかに微小な量を検知できる素晴らしい能力を持っているかがわかるであろう。

このように異常が起きたら、何か異臭がするようにする（図 8.7）というのは、非常に有効なアプローチである。例えばバッテリー液の中に匂いがする物質を加えておき、バッテリーの液が漏れたら異臭がするような特許も提案されている。ただし、嗅覚にはしばらく同じ匂いに晒されていると匂いを感じなくなる（順化と呼ばれる）仕組みがあるため、異臭が常時するような状況では効果が期待できない。また、強い異臭は大変不快なため、労働意欲が低下してしまうことから、異常事態が収まったあとに、異臭を迅速に取り除く方法も同時に考えなければならない。

木炭などの多孔質素材を用いた物理的消臭法、匂い物質と他の化学物質を反応させることによる化学的消臭法があるが、匂い物質によってどのような方法が使えるかは異なるため、専門家との相談が必要である。

図 8.7　異臭による異常検知は（視覚情報が使えない場合でも）有効である

8.5　必要な腕の数を減らす（第3の腕を利用する）

　人間には残念ながら腕が2本しかない。サルは足をまるで手のように器用に使うが、歩行に特化し身体の中でも大きな荷重を支えることに適するように進化した人間の足には、サルの足と同じような器用さを求めることは難しい。

　世の中には2本の腕では、うまく扱えないものがたくさんある。例えば機械を組み立てるための基本的な機械要素である、ボルト・ナットの組み合わせで部品を締結する作業（図8.8）にも、人間工学の観点からすると問題がある。

　では、ボルト、ナットで締結を行うとき、腕は何本必要か考えてみよう。

【ボルト、ナット締結に必要な腕】

1本目……ボルトにトルクを伝えるレンチを持つ腕

2本目……ナットに伝わるトルクを受けるスパナを持つ腕

3本目……締結する対象の部品を支える腕

※2つのうち1つの部品が動いてしまってもよく、2つの相対位置だけが決まればよい場合

　以上のように、最低でも3本の腕が必要であり、人間工学的にみると"できないこと"を要求していることになる。

　では、なぜボルト、ナットという締結方法がこれだけ普及しているかというと、次の2つのような状況が多いからである。

図8.8　ボルトとナットで部品を締結する際の意外な落とし穴

図8.9 机＋冶具（万力）を第3の腕のように使う

---

① 部品の質量が大きく、部品に加わる重力が締結トルクの反力としてはたらく。
② ワークの回転を作業台や人の身体によって支える。

では、これら2つのケースに当てはまらない場合にはどうしたらよいだろうか？その答えは2つある。

A) ナットを部品に事前に固定（溶接、接着）しておく。これによって必要な腕の数を1本減らすことができる。
B) 図8.9(左)のように、部品が移動しないように固定冶具（例えば万力、シャコ万など）を使う。これらの固定冶具が人の第3の腕となる。

図8.9(右)のように、ロボットアームを人の体に取り付け、文字どおり第3の腕を実現しようとする学術研究があるが、本書執筆時点ではまだ発展途上段階である。

8.6 第8章のまとめ

この第8章では、人間工学的モノの見方による改善の具体例をいくつか示してきた。残念ながら、この程度の数ではみなさんの業務環境にそのまま適用できるものは、なかったかもしれない。

しかし、もともと本書の狙いは、第1章で書いたように、「改善活動の対象

を発見し、その対象をよりよく改善する方法を創出できるようになること」である。

　よって、ここであげた例は、第7章までで学んだ理論を実践に移すときの、参考程度に考えてほしい。人が思いついた改善を、そのまま流用しても"よい改善活動"とはいえないのだから。

第9章

よい改善提案書を書こう!

　第8章までで、改善活動そのものの教科書として示すべきことは終えた。しかし、一般的な企業では改善活動の中に、提案書の提出や成果の発表という作業まで含まれているはずである。せっかくよい改善対象を見つけ、よい改善課題を設定し、優れた方法で課題を達成しても、それを誰かに正しく伝え、高く評価されないのではもったいない。

　そこで本書では、人(審査員)に優しい改善提案書の書き方について述べる。よい発表資料(スライド)の作り方における一般論については、『伝わるデザインの教科書』[22]などの優れた書籍があるので、そちらを参考にしてほしい。

　この章では、改善提案書のみに話題を絞って話をする。この本をここまで読み続けてくれた読者のみなさんは、改善に対してとても意識の高い方々だと思う。ぜひ優れた改善提案書を提出して、何かしらの表彰や栄誉を受けてほしいものである。

9.1　何のために改善提案書を書くのか?

　まず改善提案書を書く目的を明確にする必要がある。「改善提案をするのがノルマだから仕方なく書く」という後ろ向きな目的もあるかもしれないが、ここではひとまずそれは横に置いておこう。

　改善提案をして改善を実行に移す予算がほしいとか、もしくは「すばらしいアイディアだと」表彰してほしいとか、職場全体が改善をすることによって自分が少しでも楽になりたいとか、目指すものを明確にする必要がある。この目指しているもの(目的)が、改善提案書に明確に表れていることが、改善提案書を読む側から見て、第一に必要な条件である。

　次に、改善活動には審査または評価工程があるはずで、その工程を担当する審査員(または上司)の情報を集める必要がある。審査員はどのような知識・技

術を持つ人であり、またどのような成果を求める人なのかを調査する必要がある。どのような審査員でも高く評価してもらえるような、普遍的で素晴らしい改善提案書を作るのはきわめて難しい。審査をする側にも、それぞれのバックグラウンド・価値観があるため、何を素晴らしいと思うかは人それぞれなのである。外部の審査員ではなく、職場の上司が実行の可否を評価する場合も同じである。

　そこで、審査員が求めるものを満たした提案をするという、要求達成方式で改善提案書を書くことがとても大切になる。これは入学試験の受験において、過去の試験問題（過去問）を解くのとよく似ている。過去問を解くことによって、その学校は入学者にどのような知識を要求しているかがわかり、それに応えようとして勉強を進めるのである。審査する側の要求を何も知らずに改善提案をしようとするのは、過去問を解かずに受験をするのと同じである、と表現すればその無謀さが伝わるであろうか。

　このようなことを言うと「審査を通過するための提案」を意識しすぎて、改善への取組みが本質的なものにならず、形骸化する危険性があるのでは？と思われる方もおられるかもしれない。この心配は非常に重要な視点である。入学試験も何年も同様な問題を出し続ければ受験者もそれに過剰適合（オーバーフィット）し、本質的な能力を判断できなくなってくる。そのため審査する側は、そのような過剰適合を防止するために、毎年適切に改善のテーマやレギュレーションを変更する必要がある。これによって、単純に改善提案の経験が長ければ良い提案ができるのではなく、その年の改善テーマに適合した取り組みを、しっかりと頭を使って導き出すことを提案者に求めることにつながるのである。もし、何年も同じテーマで改善提案を求めている場合には、次回からほんの少しだけでもテーマを変えてみるのがよいだろう。

　さて、審査員に話を戻そう。審査員には以下のようなバリエーションがあると考えられる。

【審査員のバリエーション】
① 今まで誰も気づいていなかった改善課題を大切にする者
② シンプルでわかりやすい提案を好む者
③ 改善の結果得られる成果（経済的効果）を重視する者
④ 改善の方法に一種のカラクリなどの工夫があることを好む者

⑤　改善の提案だけでなく、試行・実験を行って結果が出ていることを
期待する者

⑥　若手なりの視点で提案する、初々しさを好む者

　このように異なる審査員を相手にするためには、どのような内容を強調して
提案書を書くかの戦略を変えなければならない。もしくは、複数の改善案のう
ち、どれを提案するかを審査員が求めるものによって変えるということも必要
であろう。

9.2　どのように提案書を書けばよいのか？

　では具体的に、どのような提案書を書けばよいのか？結論から言うと、"人
間工学的に審査員に優しい提案書"を書けばよい。では審査員に優しい提案書
とは何かを説明していこう。

9.2.1　審査員の知識レベルを問わない

　往々にして審査を行う人は必ずしも作業状況や作業内容に精通しているわけ
ではない。会社の規模によるが、会社の社長や役員が現場のすべての動き・事
情を知っているというのは、無理な相談である。よって、提案書の中では、特
定の作業の詳細な背景知識を審査員も持っていることを前提に書いてはいけな
い。本当に優れた提案書は、事情をよく知らない人が読んでも優れていること
がわかるものである。

　まず専門用語や略語を説明なしにいきなり利用するのはよくない。例えば
LEDのような、一般用語になりつつあるものでも、提案書の最初では、「LED
（Light Emitting Diode）」のように、LEDが何の略かを明示するのが好ましい。

　次に、ある特定の業務に対して改善を行うのであれば、その業務に関する十
分な情報を簡潔な表現で示さなければいけない。一般に、情報の十分性と簡潔
性を両立することが優れた文書に求められる1つの条件となるが、これが難し
い。十分な情報を与えようとすると説明が長くなるし、説明を短くしようとす
ると情報不足になるからである。

　しかし十分性から考え始めると、この両立を実現しやすい。図9.1を使って

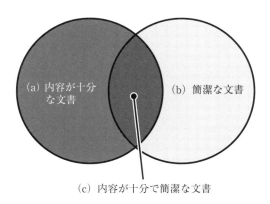

図 9.1　内容が十分でありながら簡潔な文章を作るコツ

説明しよう。最終ゴールは、十分性と簡潔性の両立なので、(c)が最終ゴールである。しかし、いきなり両立を狙うと問題が難しくなるので、まずは「(a)十分性を満足している文書」の作成を目指す。

　多少表現が冗長でもよいので不足なく情報を与えることをまずは目指す。次に「(c)内容が十分で簡潔な文書」を目指しながら、徐々に文字を削除したり、別の表現で説明を追加したりして、「(a)十分性を満足している文書」と「(b)簡潔な文書」を行ったり来たりする。「(a)十分性を満足している文書」を軸足として行ったり来たりするのが重要で、これは目標とする「(c)内容が十分で簡潔な文書」という状態に収束するように、フィードバックがかかっている状態となる(図 9.1)。最初から両方を得ようとするのが難しいのは、人間の注意の限界があるからであり、考えなければならないことを減らすために、1 カ所を基点にするのが有効である。

9.2.2　ストーリー（ものがたり）を明確に

　ここでは、ある企業内の改善提案書を例に、ストーリーの大切さを伝えよう。その改善提案書では、以下の 3 つの項目を書くように指示されている。

---

①　改善の背景

②　改善の方法

③　（期待される）改善の効果

図 9.2 改善提案書におけるストーリーの大切さ

みなさんはこの 3 つのつながりに気づいたであろうか。図 9.2 を用いて説明しよう。まず「①改善の背景」では、選定した改善対象について説明し、何が作業を難しくしていたのかの原因について述べる。現実の事件・失敗には複数の原因があることは述べたとおりであるが、ここではそのうち最もわかりやすいもの 1 つを書く[*1]。続いて「②改善の方法」では、「①改善の背景」であげた原因となる事項を削除したり、性質を変更したりする術を書く。最後の「③改善の効果」では、「②改善の方法」で示した原因の削除や改質によって、どのように作業が変化したか、そしてどのような効果が生まれたのかを書く。

つまりこの改善提案書では、「「①改善の背景」で問題 A を解決すると宣言し、「②改善の方法」で問題 A を解決するならば改善方法 B をすべきと提案し、「③改善方法 B を実施すると効果 C を得ることが期待できる」と一連の（3段論法が連なる）ストーリーになることを期待しているのである。このストーリーが最初から最後までつながっていること（連結性）が、審査員にとって優しい文書の条件になる。

他方、この連結性をわざと低下させ、文章を分断させたほうがよい場合がある。それが（特にサスペンス）小説である。サスペンス小説は、論理的つながりをあえてバラバラにし、途中の例えば「②改善の方法」から情報を読者に提供することで、読者を混乱させ、逆に読者はその混乱自体と、最後に分断された情報が一斉に連結され、解決されるのを楽しむのである。

改善提案書では、審査員はそのような混乱は求めていない。あくまで物語が淡々と進んでいくのを期待しているのである。審査員という絶対的に決定権のある者の期待を裏切ってはいけない。やや乱暴な言い方をすると、

[*1] 提案書は相手に伝えるものであるため、正確さを追求するのは賢明ではない。原因が複数あると書くと、複数の原因をすべて解決することが求められ、改善提案書は理解が難しい複雑なものになってしまう。

> 提案内容に個性は必要だが、提案書の書き方に個性は必要ない

というのが、審査する側からの本音であろう。初めて見る書き方で書かれた提案書を正しく理解するのは、審査員にとって"難しい"作業なのである。

Column　審査員は神様です（苦笑）

概ねすべての大学教員が、一年に一回、揃って憂鬱になる時期がある。それは科学技術研究費（通称：科研費）の申請の時期（夏の終わり〜秋の始まり）である。科研費の申請は基本的に、年一回しかできず、しかも当たる確率は宝くじとまではいかないが、それ相応に低いため、「研究費が増えるかも」という甘い期待よりも、「今年はどんな理由で却下されるのだろうか」というネガティブな気持ちになりがちである。

この科研費の申請書についても、実は複数の"教科書"が販売されていて、大学の新人教員研修のときに配布される。

そして、筆者の恩師である佐藤知正先生（東京大学名誉教授）は、大学院で「研究企画」という講義をもっていた。その講義の中で、どのように研究を企画・立案するかを佐藤先生に教示していただき、最後に模擬で科研費の申請書を書く練習をした。

筆者も若い頃は「自分がイケてると思う申請書を書けば審査通過するぜ」と思っていたが、何度も却下されるうちに、自分ではなく、"審査員"がイケていると思うものを書かなくてはならないという、とても基礎的だが、つい忘れがちな原則にたどり着いた。しかし、今でも審査員の気持ちを完全に理解するには至らず、毎年秋は陰々鬱々としている。

9.2.3　審査員の価値基準に合わせる

さて、この手の一方的に評価されるものの場合、審査員の価値基準に合わせることが重要である。審査員が大切だと思っていることを、最も目立つように、アピールして書くのである。

往々にして、改善を提案する側と審査する側では価値基準が異なる。図9.3に価値基準の違いの典型的な例を示そう。この図9.3において、パーセンテー

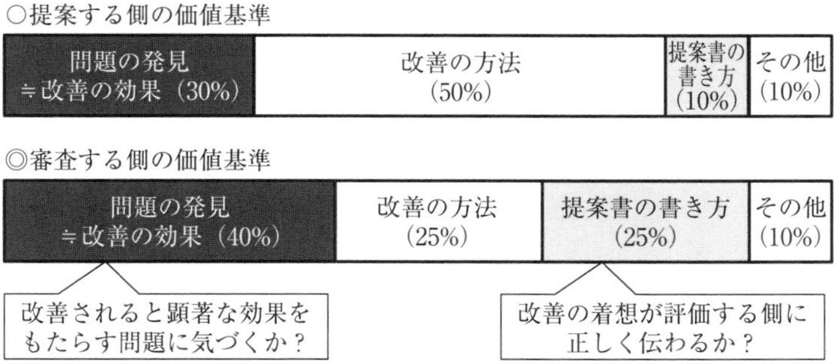

○提案する側の価値基準

問題の発見 ≒改善の効果（30%）	改善の方法 （50%）	提案書の 書き方 （10%）	その他 （10%）

◎審査する側の価値基準

問題の発見 ≒改善の効果（40%）	改善の方法 （25%）	提案書の書き方 （25%）	その他 （10%）

改善されると顕著な効果を
もたらす問題に気づくか？

改善の着想が評価する側に
正しく伝わるか？

図 9.3　改善を提案する側と審査する側の価値基準の違い

ジの数値は概念を表しているので、厳密な数値ではない。それぞれの項目の数字同士を比較しやすくするために設定した値である。図 9.3 の上側が提案者の価値基準であり、下側が審査する側の価値基準である。提案している側は、どうやって改善するか（How）が大事だと考えて、改善の方法をアピールすることに時間をかける。しかし審査する側は、まず大前提として改善提案書に書かれていることを容易に理解できるかどうかを評価する。つまり読みづらい改善提案書は、低い評価になってしまうのである。

　想像してほしい。審査員が読みづらい提案書を前にして「この提案書はきっとよいことが書いてあって、読みづらいのは自分に知識がないだけだ、申し訳ない。」などと思うだろうか？答えは完全に NO！である。つまり改善提案の内容以前に、読みやすい提案書であることに、大きな価値があるのである。

　そして、第 6 章の冒頭で示したように、改善の価値は、どうやるか（How）よりも、なぜやるか（Why）、何のためにやるか（What）で決まってしまうのである。よって、どう改善するかよりも、何を改善対象に選ぶかに、多くの時間を割かなければならないのである。

　本書は、この改善対象の発見について、第 4 章、第 5 章と 2 つの章を割いて説明してきた。きっと読者のみなさんにも、その大切さが伝わっていると期待したい。

9.2.4　図やイラストで伝えることの大切さ

　とにかく“百聞は一見にしかず”である。改善提案書の中で、いろいろと言葉で伝えようとしても、なかなか伝わらない。わかりやすい図やイラストが 1

図 9.4　この写真を見て、どこに注目すべきと思うだろうか？

枚あれば、いろいろ "説明" しなくても、読み取れるものである。

　写真や CG(Computer Graphics)のほうが詳細な情報を伝えられると思っている人もいるかもしれない。しかし写真や CG(3D-CAD の図を含む)は事実の詳細を伝えることはできても、伝えたいメッセージのみに注目させるのはきわめて難しい。例えば、図 9.4 の写真を示されてあなたはどこに注目しただろうか。写真の中で注目するものは見る人それぞれで異なる。写真の中の建物、通路、屋外灯などの設備に注目する人もいれば、樹木に注目する人もいる、もしくは後ろの背景(空の色)に注目する人もいるのである[*2]。よって、写真で何かを示したいときは、示したい情報以外が極力排除された写真を用意する必要がある。

　一方、手書きのイラストを作成することを考えると、通常伝えたいこと以外を描画するのは(イラスト作成を本業や趣味にしていない人にとっては)面倒なので、必然的に伝えたいことのみが描画されたイラストを描くことになる。これが結果として情報の集約につながり、審査員にとって優しい情報提供の仕方となるのである。

　さて、それでも高品質な写真を用意する必要があるとしよう。ここで難しいのが、何を持って高品質とするかである。図 9.5 の左側の組み合わせが示すよ

---

*2　ただし、写真に人の顔が写っている場合は、その顔が注目されがちである。よって多くの広告やポスターは人物写真を取り入れることで注目を集める工夫をしている。

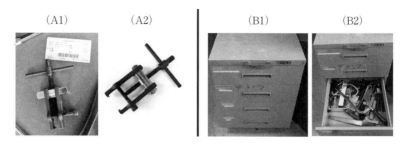

図 9.5　品質の高い写真とは？

うに、示したいものが工具単体の場合には、(A1)の写真よりも(A2)の写真のほうが不必要な情報が排除され、品質の高い写真となる。一方で、示したものが工具用の棚が散らかっているということであれば、(B1)の写真では何を示しているかわからず、(B2)のように雑多な情報が含まれている写真のほうが高品質である。

　よって、写真の前景となるべきものが何であるかを撮影前に定義し、その前景となるべきものが適切に描画された写真を用意しなければならない。

　さらに近年、スマートフォン(カメラ付き携帯電話)で容易に写真撮影できるようになり、写真撮影のハードルは大きく低下した。いつでも簡単に写真撮影ができるという意味でスマートフォンの貢献は非常に大きい。また、何度も気兼ねなく撮影のやり直しができるという意味で、デジタルカメラの貢献も非常に大きい。

　しかし、それゆえに写真撮影という行為が、何かを計測する行為であること、そして、写真撮影を行うことが、その写真を介して必要な情報を誰か(ときには未来の自分)に伝えるという行為であることを忘れがちになってしまう。情報を受け取る誰かにとって"優しい写真"を撮影することが、人間工学的にはとても大切である。

Column　写真撮影とは計測である

デジタルカメラによる写真撮影を工学的に説明すると、

① 　絞りによって調節した光を、

② 　レンズによって集光し、

③　イメージセンサ上で結像させ、

④　その光の量を赤、緑、青の 3 色のデジタル値へ変換し、

⑤　必要なデータフォーマットに変換する

ことになる。

　あえて難しく表現したが、上記のプロセスを見て、読者のみなさんはどのように感じたであろうか？

　ここで、一番言いたかったことは、写真を撮影するという行為は、"計測する" という行為の 1 つであることである。理系の教育を受けた人であれば、計測という行為がどれだけ慎重かつ丁寧に行わなければならないかご存知であろう。そうでない人も、理科の実験に類する行為だと思っていただけると、それがどれだけ**準備なしにやってはいけない行為**であるかがわかるであろう。

　具体的にどうしたらよい写真が撮れるかは、たくさんの書籍が出版されているので本書では取り扱わないが、照明、背景、三脚などの適切な計測補助装置が必要なことを伝えておきたい。

9.3　第 9 章のまとめ

①　改善提案書を書く目的を改めて考える。

②　審査員（評価者）に優しい提案書を書くために、審査員の知識レベルに関係なくわかりやすい改善のストーリーが、3 段論法で連結された文章で書く。

③　審査する側の評価基準に合わせて、なぜやるか、何のためにやるかを明確にする。

④　図やイラストを用いて視覚的に伝わりやすい資料にする。

おわりに

　本書では意義ある改善活動を行うための教科書として、以下の内容を取り扱った。

① 　まず人間工学的なものの見方の紹介を行い、人間工学から見た人間の限界について説明した。また、人間の限界についての対処法を紹介した。

② 　そして改善対象を発見するために、「(1)人間の限界を試す悪例と比較する方法」と「(2)言い訳をすることによって問題の本質を探る方法」の2つを紹介した。

③ 　続いて発見した改善対象から改善課題を抽出し、言い訳ができないフールプルーフな環境を構築するための方針を述べ、作業の容易化が改善の肝となることを述べた。

④ 　作業の容易化を実現するための7つの原則を説明した。

⑤ 　そして、作業を容易化(難しくなく)する具体的な改善例を紹介した。

⑥ 　最後に、よい(審査する人に優しい)改善提案書を書くためのポイントを説明した。

　優れた改善活動を行うためのアプローチは、人間工学にもとづくものの見方だけではないと思う。しかし、人が生きる環境をよくしようと考えたときに、人の特性をよく知り、対策を取るのは当たり前かつわかりやすいアプローチであろう。是非、本書で学んでことを生かして、充実した改善活動を行っていただきたい。

2021 年 9 月

福井 類

参考文献

[1] 平野裕之：『新作業研究―現代モノづくりの基本技術（「新 IE」入門シリーズ）』、日刊工業新聞社、2001 年。
⇒少品種大量生産の時代に育まれた作業研究の技術を多品種少量生産の時代にどのように適合させるかを重点に、作業研究の技術手法について解説した書籍。基本的な考え方として、作れるものを作れるだけ作るという考え方を脱却し、必要なものを必要なだけ作るということに主眼を置いて解説をしている。P-Q分析表、サーブリック、間接稼動分析、MTM 法、経済的「動きの原則」など有用な情報が書いてある。ただし教科書として読むには構成に多少の難があり、特に書籍冒頭で書籍全体の内容をとりまとめようとするばかりに、読者の理解を阻害しているところがある。

[2] 岡田貞夫：『トコトンやさしい作業改善の本』（B&T ブックス―今日からモノ知りシリーズ）、日刊工業新聞社、2004 年。
⇒トヨタ生産方式を基本として、作業改善について広く解説している書籍。改善のための具体的なツールの使い方の紹介というよりは、改善のために必要となる基礎知識を網羅する書籍という位置付けである。作業研究の最初の一冊目として、お勧めである。作業改善におけるキーワードを列挙すると、品質保証・ムダ排除・多能工化・1 個流し・改善提案制度・動作経済の原則・ブレインストーミングなどがある。結局のところ、新 IE というのは求められるものを求められる価格で作るために必要な環境整備・技術研鑽のことを示しており、日々変化する生産・販売環境に適合するための弛まぬ努力とセルフフィードバックが必要であることを示している。

[3] 畑村洋太郎：『失敗学のすすめ』、講談社、2005 年。

[4] 中尾政之：『失敗百選 41 の原因から未来の失敗を予測する』、森北出版、2005 年。

[5] 横溝克己、小松原明哲：『エンジニアのための人間工学―第 5 版―』、日本出版サービス、2013 年。
⇒人間工学の入門的書籍である。人間工学を研究する学者のためではなく、人間工学を利用するエンジニアのために情報が整理されている点が非常にありがたい。各トピックは概観するレベルの内容しか記述されていないが、参考文献も豊富に記載されているので、教科書の教科書として利用できるであろう。人間が持つ、身体的・感覚的能力の限界に関するリファレンスとしても利用できると考えられる。

[6] Sidney Dekker 著、小松原明哲、十亀洋 訳：『ヒューマンエラーを理解する―実務者のためのフィールドガイド―』、海文堂出版、2010 年。
⇒ヒューマンエラーに関してまったく新しい見方を提案する優れた書籍である。

著者の Sidney Dekker 氏は現役のパイロットであり、かつ航空安全を分析するアナリストということで、現場の作業者目線も踏まえた安全管理のあり方についてよく整理されている。特に局所的合理性原理という考え方、つまりすべての作業者はエラーを起こしたくて起こしているのではなく、そのエラー(事故も含めて)が発生する過程において、「作業者にとっては、すべてのプロセスが局所的には最適なものであったはずである。」という考え方は、エラーを分析するうえで非常に重要な考え方である。すべきことをしなかったことを批判し、トカゲの尻尾切りのように現場作業者に罰を与えることで問題が解決したかのように振る舞うことの愚かさを指摘している点が本書の特徴である。組織を管理する者にとって本書の内容は目からうろこが落ちる思いがするであろう。一方で、本書のメッセージの明確さと比較して、本文がやや冗長に感じるところがあるので根気よく読み解く必要がある。

[7] 坂井秀夫:「東京電力における安全教育、技術継承」、『安全工学』、Vol. 47、No. 6、pp. 421-427、2008 年。
⇒東京電力㈱の技術開発研究所によって安全教育・技術開発のために自主的に開発されたツールに関する紹介記事。1 つはトラブル事例の分析から対策立案までをひとつながりに行うことを支援するものであり、もう 1 つは動画を中心として作業のやり方を表現・伝達することを支援するものである。この記事の中で、「人間の本来持っている特性と人間を取り巻く周囲の要因がうまく合っていないとヒューマンエラーが誘発される」という考え方を示した、m-SHELL モデルが紹介されている。

[8] 新村芳人:『興奮する匂い 食欲をそそる匂い〜遺伝子が解き明かす匂いの最前線』、技術評論社、2012 年。
⇒匂いの教科書といっても過言ではないほど、匂いという 1 つのトピックを多面的かつ深く掘り下げている素晴らしい書籍である。また遺伝子解析およびその技術発展についても、素人が読んでも実にわかりやすくかつドラマティックに書かれている点が大変すばらしい。

[9] G. A. Miller:"The magical number seven, plus or minus two: Some limits on our capacity for processing information", *Psychological Review*, Vol. 63, No. 2, pp. 81-97, 1956.
⇒短期記憶が 7 ± 2 であることを提唱した論文で、心理学の論文の中で最も引用されている論文のうちの 1 つである。

[10] Nelson Cowan:"The magical number 4 in short-term memory: A reconsideration of mental storage capacity", *The Behavioral and brain sciences*, Vol. 24, pp. 87-114; discussion 114, 03 2001.
⇒これまでの Miller の定説を覆し、短期記憶の容量は 4 ± 1 であると提唱している論文。

[11] 暗記力向上研究会:「学習能力の向上で認知症の予防・改善」、

http://worldrecord314.com（参照日 2021 年 3 月 4 日）

[12] 牧下寛、松永勝也：「自動車運転中の突然の危険に対する制動反応の時間」、『人間工学』、Vol. 38、No. 6、pp. 324-332、2002 年。
⇒自動車を運転している際に、前方に突然歩行者が現れたり、前方の車両が急停止したりした際の制動反応開始までの時間を計測した研究である。実際に市街地で実験を行っており、現実の運転に近いところで評価を行っているところが高く評価できる。また制動時間は個人ごとの差異が大きいこと、特に高齢者の反応には、通常の分布とは異なり著しく遅い反応があることを示している。この理由の 1 つに高齢者の視線移動の頻度が低いことをあげている。

[13] 警察庁：「薄暮時間帯における交通事故防止」、
https://www.npa.go.jp/ bureau/traffic/anzen/hakubo.html
（参照日 2021 年 3 月 4 日）

[14] 林光緒：「居眠り運転発生の生理的メカニズム（特集 長時間運転と疲労）」、IATSS review、Vol. 38、No. 1、pp. 49-56、2013 年。
⇒睡眠全般の基本情報を抑えつつ、居眠り運転のメカニズムについて解説した記事である。睡眠に関する情報が非常によくまとっているので、睡眠の科学について文献を読んだことがない場合には、目を通すのがよい。.

[15] Stephen Guise（スティーヴン・ガイズ）：『小さな習慣』、ダイヤモンド社、2017 年。
⇒自己啓発本の 1 つである。本書の一番のメッセージは、「何か自分を変えたい、新しいことを始めたいのであれば、その新しいことのうち最初の最も簡単なステップを毎日続けなさい」と要約できる。必ずしも科学的論拠が整っているとは言い難いが、それでもこれまでの自己啓発方法（モチベーション制御など）で失敗してきた人は、一度目を通してみる価値があるだろう。

[16] 中村聡史：『失敗から学ぶユーザインタフェース―世界は BADUI（バッド・ユーアイ）であふれている―』、技術評論社、2015 年。
⇒よいインタフェースデザインの基本的な設計指針はすでに確立されつつあるように思えるが、ではそれをどのように実装するかについては未だに確固たる方法論がないように思える。特に具体的にどのように実装すれば、設計指針に適合することができるのかを判断するのは難しい。そこで本書のように設計指針に適合していない失敗例を列挙することで、失敗例との相対的な距離から自らが設計したインタフェースの良否を計るというのはとても重要なアプローチであると言える。本書は本当にたくさんの失敗例（本書では BADUI と呼称している）が列挙されており、とても貴重な書籍である。

[17] Cally S. Edgren, Robert G. Radwin, and Curtis B. Irwin："Grip force vectors for varying handle diameters and hand sizes", *Human Factors*, Vol. 46, No. 2, pp. 244-251, 2004.

⇒複数の直径のハンドルを握り込む力を調査した研究。従来の研究と比較すると、以下の2点が新しい。(1)Jamar dynamometer ではなく、専用の計測装置を用いることで、直交する二軸の力を計測して握り込む力の角度を計測している点、(2)ピークの握り込み力を計測しているのではなく、3秒間の握り込む平均の力を計測している点。この研究では、男女ともに利き手でも非利き手でも、直径が3.8 cm(実験では直径2.5、3.8、5.1、6.4 そして 7.6 cm を調査)のハンドルのときに最大の力が発揮されるとしている。またハンドルの直径が変わると、握り込む力の角度が変わることも明らかにしている。

[18] 濱口哲也：『失敗学と創造学─守りから攻めの品質保証へ』、日科技連出版社、2009年。

⇒社員がもっと(自分のように)創造的になってほしいと願う経営者は多いであろう。世の中にはさまざまな発想法があるものの、それらを用いることによって創造的になったとは、なかなか思えないであろう。本書籍は失敗の真の原因を上位の概念として取りまとめることで、使える知識として活用することを提案している。そして、失敗の原因を上位の概念でとらえることが、創造的思考において解くべき問題、達成すべき課題を設定するうえで役に立つということを指摘している。本書籍を読むだけで、社員のすべてを創造的にすることは難しいかもしれないが、少なくとも過去の(失敗)情報を使えるカタチで保存し、未来の失敗、そして将来売れる製品・サービスを創造するためのきっかけにすることは可能であろう。

[19] 濱口哲也、平山貴之：『失敗学　実践編─今までの原因分析は間違っていた！─』、日科技連出版社、2017年。

⇒2009年に出版された『失敗学と創造学─守りから攻めの品質保証へ』の続編にあたる書籍である。軽快なしゃべり言葉で書かれた文章が読みやすい。内容の多くは前作から引き継いでいるものだが，具体例が増え，著者の主張がわかりやすい書籍になっている。前作を読んだだけでは，実務への活用が難しいと感じた読者は，こちらも読んでみるとよいであろう。

[20] 佐々木正人：『アフォーダンス─新しい認知の理論』、岩波書店、1994年。

⇒人がいかに環境を認知するかという理論に新しい展開をもたらしたアフォーダンスの概念について解説した新書。古い認知モデルでは、すべての認知が人の段階的(階層的)な認知プロセスによって成立していたと考えるのに対して、アフォーダンスでは環境(モノ)と人の間にある関係に注目し、認知のきっかけは環境(モノ)側に付随するものと説明している。これにより、従来の認知過程では説明ができなかった、人の高速な認知処理やさらには環境(モノ)が変わっても変わらない普遍的な認知結果に対する説明が可能となった。アフォーダンスは認知の理論としては非常に明快かつ斬新な枠組みであると言えるが、それを活用する側からすると(工学的なアプローチにおいては)多分に無理があるとも言え、その理解が難しいかもしれない。現実に発生する

人の認知を正しく理解することは認知科学者に任せるとして、工学実務者は従来の認知過程の発展版により、現実を分析するのに徹したほうがよいかもしれない。

[21] D. A. ノーマン 著、野島久雄 訳：『誰のためのデザイン？―認知科学者のデザイン原論』、新曜社、1990 年.
⇒日常生活におけるさまざまな道具や設備をいかにユーザに触れやすく・使いやすいものにするかという原理について述べられた書籍。この書籍は実際にアフォーダンスの概念を応用する方法に言及した書籍である。アフォーダンスと、それにもとづくデザインという考え方は工業デザイナーの中では一通り広まった考え方ではあると思うが、生産現場でこれらを意識した設備設計（デザイン）を行っている技術者はまだまだ少ない。本書籍は扉や電話機などいくつかの具体例を示し、それらに皮肉的なコメントをすることで読みやすく書かれているため、認知科学を専門としない読者にとってもお勧めできる一冊である。

[22] 高橋佑磨、片山なつ：『伝わるデザインの基本　増補改訂版　よい資料を作るためのレイアウトのルール』、技術評論社、2016 年。
⇒美しい or 伝わる技術文書を作成できるかどうかは、センスがあるかどうかではなく、ルールを知っているかどうかである。そのことを本書籍は簡潔に示してくれている。技術文書は芸術的な絵画や彫刻と異なり、その内容には独創性が求められるが、その表現に独創性は不要である。つまり、誰しもが見慣れた・見やすい表現を用いることがとても重要である。見やすい表現とは、フォントを適切な種類・大きさにする、レイアウトにルールを定める、適切な色を組み合わせるなどで実現されるが、特にレイアウトに関しては「余白をとる・揃える・強弱をつける・グループ化する・繰り返す」の5つのルールにそのコツが集約される。これまで自己流で資料を作成してきたが、いまひとつ完成度に納得していない方には、お薦めの1冊である。

索　引

著者紹介

福井 類（ふくい るい）
東京大学 大学院新領域創成科学研究科 人間環境学専攻 准教授
博士（情報理工学）

略歴
2002年	東京大学 工学部 機械情報工学科 卒業
2004年	東京大学 大学院情報理工学系研究科 知能機械情報学専攻 修士課程修了
2004〜2006年	三菱重工業株式会社勤務
2009年	東京大学 大学院情報理工学系研究科 知能機械情報学専攻 博士課程修了
2009〜2013年	東京大学 大学院情報理工学系研究科 知能機械情報学専攻 （特任）助教
2012年	ドイツ・ミュンヘン工科大学 客員研究員
2013〜2016年	東京大学 大学院工学系研究科 機械工学専攻 特任講師
2016年〜現在	東京大学 大学院新領域創成科学研究科 人間環境学専攻 准教授
2019年	米・スタンフォード大学 客員准教授

所属学会
IEEE RAS（Robotics and Automation Society）、日本機械学会、日本ロボット学会、計測自動制御学会、日本塑性加工学会など

資格
第二種情報処理技術者、色彩検定3級、第二種電気工事士、知的財産管理技能検定3級、収納整理アドバイザー2級、小型車両系建設機械（3t未満）など

研究テーマなど
"分散・統合型ロボットシステム"という新しいコンセプトのもと、人・環境・機械の3つが上手く協調する姿を求めて、ロボットの機構設計、機械制御ソフトウェア、ヒューマンマシンインタラクション、ユーザインタフェース、機械学習（人工知能）技術の産業応用の研究などを進めている。近年は民間企業等との共同研究を通じて、工学および情報科学の知識・技術を社会に展開する取組みも意欲的に行っている。

人間工学にもとづく改善の教科書
人間の限界を知り、克服する

2021年10月26日　第1刷発行

	著　者	福　井　　　類
	発行人	戸　羽　節　文

検　印 省　略	発行所　株式会社 **日科技連出版社** 〒151−0051　東京都渋谷区千駄ヶ谷5-15-5 DSビル 電　話　出版 03-5379-1244 　　　　営業 03-5379-1238

Printed in Japan　　　　印刷・製本　　株式会社三秀舎